做个有完美性格的男孩

文轩 ◎ 主编

朝华出版社

图书在版编目（CIP）数据

做个有完美性格的男孩 / 文轩主编.—北京：朝华出版社, 2012.1 (2013.3 重印)
ISBN 978-7-5054-3026-6

Ⅰ.①做… Ⅱ.①文… Ⅲ.①男性–性格–青年读物
②男性–性格–少年读物 Ⅳ.①B848.6-49

中国版本图书馆 CIP 数据核字(2011)第 275965 号

做个有完美性格的男孩

作　　者	文　轩
选题策划	杨　彬　王　磊
责任编辑	楼淑敏
责任印制	张文东
封面设计	荆棘设计

出版发行	朝华出版社
社　　址	北京市西城区百万庄大街 24 号　邮政编码　100037
订购电话	(010)68413840　68996050
传　　真	(010)88415258（发行部）
联系版权	j-yn@163.com
网　　址	www.blossompress.com.cn
印　　刷	三河市祥达印装厂
经　　销	全国新华书店
开　　本	787mm×1092mm　1/16　　字　数　270 千字
印　　张	20
版　　次	2012 年 3 月第 1 版　2013 年 3 月第 9 次印刷
装　　别	平
书　　号	ISBN 978-7-5054-3026-6
定　　价	35.00 元

版权所有　翻印必究·印装有误　负责调换

前言 FOREWORD

有的男孩，长得高大强壮，但别人却说他不够"man"；有的男孩，长得瘦瘦小小，但别人却说他是真正的男子汉。

这是怎么回事？难道世人对男孩的评价标准出了问题？

NO！群众的眼睛是雪亮的，真理就掌握在这些人的手中！人们评价一个男孩是否是男子汉的标准，并不是看他的身材及长相，而是更多关注他的性格。

他可以瘦弱，但绝不能懦弱；他可以没有太大的力气，但绝不能没有担当；他可以失败，但绝不能被失败打倒……

真正的男子汉应该拥有什么样的性格呢？

100多年前的英国，曾有一则招聘男孩的启事，上面是这样写的：

现招聘男孩一名——他要坐立笔直,言行端正;

他的指甲不能乌黑,耳朵要干净,皮鞋要擦亮,清洗衣服,梳头发,好好保护牙齿;

别人和他讲话的时候他要认真听讲,不懂就问,但与己无关的事情不要过问;

他要行动迅速,不出声响;

他可以在大街上吹口哨,但在该保持安静的地方不吹口哨;

他看起来要精神愉快,对每个人都笑脸相迎,从不生气;

他要礼貌待人,尊重女士;

他不吸烟,也不想学吸烟;

他愿意说一口纯正的英语而不是俚语;

他从不欺负别的男孩也不允许别的男孩欺负他;

如果不知道一件事情,他会说:"我不知道",当他犯了错误,他会说:"对不起";

当别人要求他做一件事情,他会说:"我尽力";

他会正视你的眼睛从不说谎;

他渴望阅读优秀的书籍;

他更愿意在体育馆中度过闲暇时间,而不是在密室中赌博;

他不想故作"聪明"或以任何形式哗众取宠;

他宁愿推掉工作或是被学校开除,也不愿意说谎或是做小人;

他在与朋友的相处中不紧张;

他不会为自己开脱,也不会总是想着自己或是谈论自己;

他和自己的母亲相处融洽,和她的关系最为亲近;

有他在身边你会感到很愉快;

他不虚伪,也不假正经,而是健康、快乐、充满活力。

毋庸置疑,这则启事要招的就是那些拥有完美性格的男孩,那些真正的男子汉!

性格对于男孩来说意味着什么呢?

答案显而易见,性格会决定男孩一生的命运!一位著名的心理学家说,播下一种行动,你将收获一种习惯;播下一种习惯,你将收获一种性格;播下一种性格,你将收获一种命运。

是的,一个胆小、遇事就退缩、丝毫没有责任感的男孩,他将很难成就大事业,也很难成为大人物;一个自作聪明、不真诚,而又喜欢哗众取宠的男孩,他很难赢得他人的信任,也很难收获真正的友谊和爱情;一个经常说谎、不爱学习,而又一身恶习的男孩,他会让人打心眼里瞧不起……

每一个男孩都不想未来的自己会变成这样!

所以,从现在开始你就得修炼!修炼出男子汉的真本事,让自己拥有男子汉应该具备的性格!

锻炼自己的双手,让它有能力为未来撑起一片天;

擦亮自己的眼睛,使它能够敏锐地分清善恶,辨别是非;

磨炼自己的肩膀,让它有力量承担重任;

修炼自己的双腿,让它行千里路,但绝不误入歧途;

……

只要愿意,假以时日,任何一个男孩都可以自豪地拍着自己的胸脯大喊:"我是真正的男子汉!"

当然,个人的力量毕竟是有限的,要想尽快蜕变,男孩还要学会走捷径,要学会借助某个功能强大的"能量库"!

本书就是专门为男孩准备的"能量库"!它收录了上百则故事,每则故事都针对男子汉应该具备的完美性格进行了全方位的阐述,旨在让男孩通过轻松阅读的方式吸收到丰富的成长"养料",完成惊人的蜕变,成为众人眼中真正的男子汉。

从全面提高男孩的能力角度来讲,本书具有3大特色:

第一，这是一本可以提高男孩写作能力的贴心书。不管你是男孩还是女孩，相信听到"作文"两个字，你都会皱眉头吧？其实，作文并不像你所想的那样，是一块"很难啃的骨头"。面对作文题目，你之所以绞尽脑汁也无从下笔，通常是因为你的大脑里没有素材。

没错，这本小书就是你忠实的"作文素材积累库"！书中的故事不但生动而且全面，几乎所有的命题作文都能从中找到相应的素材。

另外，本书还有一个非常贴心的亮点不能不提，我们在每则故事的开头，提炼出了一些关键词，当看到这些关键词时，你心里就有谱了："哦，在写××类型的作文时，这则故事可以用到！"

怎么样，够贴心吧？如此以来，这本小书好比一个智能的"资料库"，只需轻轻一点，咦，你需要的资料马上就出现了！

第二，这是一本可以开阔男孩眼界，增长男孩知识的百科书。本书有的不仅仅是故事和道理，每则故事背后都有一条小小的知识点链接。千万不要小看它，它可是你增长见识、扩展知识面的好"武器"。

想想看，别人不知道的知识，你却能娓娓道来，那时，大家是不是都会非常羡慕地称呼你为"小才子"？

第三，这是一本全面指导男孩行为、提升男孩魅力的枕边书。如何做一个自信的男孩，如何做一个坚强、勇敢的男孩，如何做一个有责任感的男孩，如何做一个高情商的男孩……这些问题你想知道吗？

别着急，本书每章的故事讲完后，都会有一个神奇手册，它会一步步指导你如何去做，指导你慢慢地完成从普通到卓越的蜕变。

祝愿每一个男孩都能成为最棒的、真正的男子汉！

目录 CONTENTS

第一章　自信，决定男孩人生的高度

男孩自信图释 …………………………………………… 002
01 解开自卑的绳索 ……………………………………… 004
02 转换你看自己的角度 ………………………………… 005
03 自信的价值 …………………………………………… 007
04 你自己就是圣人 ……………………………………… 009
05 不能相信自己的人，最终会埋没自己的才能 ……… 011
06 只要善于挖掘自己的"宝藏"，每个人都能创造奇迹 … 013
07 自信是成功的第一秘诀 ……………………………… 014
08 天生我材必有用 ……………………………………… 016
09 人生没有"不可能" …………………………………… 018
10 两颗种子，两种人生 ………………………………… 019
11 不要让自卑成为一种习惯 …………………………… 021
12 成功注注偏爱拒绝接受"不可能"的人 ……………… 023

第二章　胸怀宽广，让男孩的人生舞台更宽广

男孩豁达图释 …… 028

01 宽容的美德 …… 030
02 退一步海阔天空 …… 031
03 多一个朋友，就少一个敌人 …… 033
04 给别人机会，就是为自己创造机会 …… 035
05 把鲜花送给对手 …… 037
06 不生气是为了更争气 …… 039
07 多一些宽容，生活中就多了一些美好 …… 041
08 拥抱你的敌人 …… 043
09 宽容，用眼前微利换取长久的"财富" …… 044
10 宽恕别人的同时，也是在善待自己 …… 046

第三章　懂得负责，男孩才能成大器

男孩责任图释 …… 050

01 勇于承担责任，成就非凡人生 …… 052
02 所有细节，都是用责任雕琢的美丽花纹 …… 054
03 肩膀扛起责任，也就扛起了自己的人生 …… 056
04 永远不要忘记你的使命 …… 058
05 灾难，只缘于错了一点点 …… 059
06 言而有信，对自己的言语负责 …… 062

07 要赢得尊重，就必须承担起自己的责任 …………… 064

08 男子汉的肩头，是用来承担责任的 ……………… 066

第四章 自控力，让男孩更快成熟

👍 男孩自控图释 …………………………………… 070

01 控制不住坏脾气，害人又害己 ………………… 072

02 浮躁的人不会抵达远大的目标 ………………… 073

03 任何情况下，都要坚守自己的原则 …………… 075

04 控制自己的情绪 ………………………………… 076

05 美好人生必以自我控制为基础 ………………… 078

06 控制冲动、保持理智是一种大智慧 …………… 080

07 头脑清楚有时比勇气更重要 …………………… 082

08 愤怒易使人失去理智 …………………………… 084

09 永远别在盛怒下做事 …………………………… 085

第五章 好品质，成就男孩的好未来

👍 男孩品质图释 …………………………………… 090

01 勇往直前带来大成就，畏惧不前永远一事无成 …… 092

02 耐心去等待成功的到来 ………………………… 094

03 不诚则无友，无信则无人与之交 ……………… 096

04 做一个勤奋的人 ………………………………… 097

05 怀有一颗感恩的心 ……………………………… 099

06 诚实是做人的根本 …… 101
07 只有想不到的，没有做不到的 …… 103
08 细心观察必能有所收获 …… 105
09 用勇气叩响成功的大门 …… 107
10 不当机立断，可能失去的更多 …… 109
11 果断的抉择铸就成功 …… 110
12 成功是对吃苦耐劳者的最大奖赏 …… 113
13 不让恐惧左右自己 …… 114
14 坚韧的意志是获得最终胜利的基石 …… 116
15 成由勤俭败由奢 …… 118

第六章 克服人性的弱点，让男孩屡战屡胜

男孩克服弱点图释 …… 124
01 拖延是行动的大敌，也是成功的大敌 …… 126
02 自大是愚者才有的行为 …… 127
03 自己的路需要自己走 …… 129
04 草率盲目带来的只能是失败的残局 …… 131
05 少一分盲目，就多一分成功的可能 …… 133
06 成功，从来都与意志薄弱者无缘 …… 134
07 骄傲自满是一个可怕的陷阱 …… 136
08 贪心的结果便是什么也得不到 …… 138
09 拖延会让人一事无成 …… 140

第七章　成功的法则，助男孩的人生更上一层楼

男孩成功图释 ········· 144

- *01* 善于合作，实现共赢 ········· 146
- *02* 坏习惯不改，成功将变得遥不可及 ········· 148
- *03* 细节决定成败 ········· 150
- *04* 借助别人的力量，成功会来得更快 ········· 152
- *05* 成功的力量来自竞争对手 ········· 154
- *06* 成功者决不等待时机成熟 ········· 157
- *07* 遇事多想几步，成功的几率就更大 ········· 159
- *08* 成功源于创新 ········· 161
- *09* 成大事只要一点勇气 ········· 163
- *10* 成功靠自己 ········· 165
- *11* 成功从小事开始 ········· 166
- *12* 多一点真诚，多一分成功 ········· 168
- *13* 成功是每时每刻的全力以赴 ········· 170
- *14* 成功，需要冒险 ········· 172
- *15* 想击败对手，就必须使自己变得更强大 ········· 173
- *16* 成功的道路是目标铺出来的 ········· 175

第八章　高情商，让男孩广交天下朋友

男孩情商图释 ········· 180

- *01* 仁爱无价 ········· 182
- *02* 帮助别人就是帮助自己 ········· 183

- 03 传播爱的人才是幸福的人 …………………………… 185
- 04 保持低姿态，是人生的大智慧 ………………………… 188
- 05 先伸出友谊之手，别人才会用友谊之手接纳你 …… 190
- 06 只有虚怀若谷的态度，才能受人尊敬 ………………… 192
- 07 予人玫瑰，手留余香 …………………………………… 194
- 08 接受的同时还要给予 …………………………………… 195
- 09 指责只会得罪对方 ……………………………………… 197
- 10 不要只看到自己的长处而忽略别人的长处 …………… 199

第九章 好心态，铸就男孩一生的幸福

男孩心态图释 …………………………………………… 204

- 01 境由心生 ………………………………………………… 206
- 02 心态积极，就成功了一半 ……………………………… 208
- 03 没有绝对不好的事情，只有绝对心态不好的人 ……… 209
- 04 你永远会有两个可能 …………………………………… 211
- 05 不为太阳流泪而错过群星 ……………………………… 213
- 06 人不能被打败 …………………………………………… 215
- 07 不要为打翻的牛奶而哭泣 ……………………………… 217
- 08 请想想那些比我们还不幸的人 ………………………… 219
- 09 劣势与优势 ……………………………………………… 221
- 10 生活充满了选择，而生活的态度就是一切 …………… 223
- 11 活在与别人比较中的人，永远也不会快乐 …………… 225

12 选择什么样的生活态度，取决于你自己 …………… 227
13 生活是美好的 …………………………………………… 230

第十章 学习，让男孩的人生之路走得更远

男孩学习图释 …………………………………………… 234

01 一旦自满，就会停止进步 …………………………… 236
02 阅读，让眼界更加开阔 ……………………………… 238
03 书籍，是享之不尽的财富 …………………………… 240
04 多一门技艺，多一条出路 …………………………… 242
05 停止了学习，必将被社会淘汰 ……………………… 244
06 既有理论又有实践，才是智慧的学习 ……………… 245
07 生搬硬套前人的经验，无法学到知识 ……………… 246
08 读书学习，是一辈子的事 …………………………… 248

第十一章 爱思考，让男孩的聪明翻倍

男孩智慧图释 …………………………………………… 254

01 桶的大小是由你决定的 ……………………………… 256
02 思考成就天才 ………………………………………… 258
03 简单的精彩 …………………………………………… 260
04 思考是智慧的起点 …………………………………… 261
05 有一种成功源于思考 ………………………………… 263
06 改变思维改变自己 …………………………………… 265
07 换一种思维，创一个奇迹 …………………………… 267

第十二章　好习惯，让男孩受益终身

男孩习惯图释 ……………………………… 272

- 01 珍惜时间 ……………………………… 274
- 02 以严谨的作风去对待所有事 ………… 275
- 03 一个守时的人，必能有所作为 ……… 277
- 04 一分钟也是时间 ……………………… 280
- 05 不抽烟的球王 ………………………… 282
- 06 纪律是成功的保障 …………………… 284
- 07 不遵守规矩，定会付出代价 ………… 286

第十三章　高财商，让男孩赢得精彩的人生

男孩财商图释 ……………………………… 290

- 01 钱要用在该用的地方 ………………… 292
- 02 1+1大于2 ……………………………… 293
- 03 天上不会掉馅饼，财富只能靠自己勤勉的双手创造 … 295
- 04 财富是一点一滴积累起来的 ………… 297
- 05 不需要的东西即使只花一分钱，也是昂贵的 … 299
- 06 金钱与幸福并不一定成正比 ………… 301

第一章

自信，决定男孩人生的高度

  自信，又叫自信心，是指人们在正确认识自己的基础上，知道自己的长处和优势，相信自己的能力和才干。

  拥有自信的人，相信自己，在任何困难面前都能毫无惧色、勇往直前，顽强拼搏直至胜利；没有自信的人，则总是否定自己的能力，容易颓废、气馁、丧气，甚至放弃自我。

  自信，能够决定一个人人生的高度！

男孩自信图释

● 总能看到自己身上的优点或优势。

解说语：每个人身上都有优点和缺点，总是关注自己的缺点、看不到自己优点的人，只能日益自卑。只有那些总能发现自身优点和优势的人，才是真正的自信者。

● 不畏惧任何困难，相信自己。

解说语：困难就像一个能伸能缩的气球，你强，它就弱；你弱，它就强。没有必要惧怕任何困难，相信自己，你就一定有办法攻克它们。

● 总是对自己进行积极的心理暗示，告诉自己"我很棒"。

解说语：自信是上天对人类最美好的祝福，它像一颗灵丹妙药，能使人产生神奇的力量。相信自己，你就真会变得信心十足、力量十足。

● 字典中没有"不可能"三个字，凡事都坚信方法总比问题多。

解说语：自信的人从不说"不可能"，方法是人想出来的，没有条件，他们临时创造条件也要把难题解决。

● 绝不会因为财富匮乏、相貌平平、学习成绩差等问题而心生自卑。

解说语：财富的多寡代表的是父母的能力，相貌的美丑只是上天的恩赐，学习成绩只能代表过去……这些都不足以成为你自卑的原因，更不应成为你积极进取、发挥聪明才智的阻力。

做个有完美性格的男孩

01 解开自卑的绳索

美国著名的心理学家基恩是个黑人,在他的那个年代种族歧视仍是难以打破的藩篱,黑人在美国没有社会地位,经常遭到不公平的待遇。

写作关键词
自卑 自信 相信自己
自惭形秽 悲观失望

基恩还是小男孩的时候,常常躲在公园的角落,偷偷看着几个白人小孩玩,但是因为自卑从来没有走向前过。

有一天,公园来了一个卖气球的老人,手上举着大把气球。白人小孩见到后全跑了过去,每个人都买了一个气球,然后高高兴兴地放开手上的气球,让它们飞向天空。

等到白人小孩走了以后,基恩才怯生生地走到老人面前,小声地说:"老爷爷,您可以卖一个气球给我吗?"

老人和蔼地说:"当然可以!你要什么颜色的气球呢?"

基恩开心地说:"我想要一个黑色的气球。"

老人递给他一个黑色气球。基恩接过气球后,轻轻松开了手,抬头静静看着缓缓上升的气球。

老人笑着告诉他:"孩子,你看到了吧,气球能不能升起,与颜色没有关系!"

男孩基恩从此告别了自卑,因为老人让他相信,白人能做到的事情,黑人同样可以做到。

· 男孩应该懂得的道理 ·

自卑是束缚一个人能力的绳索。内心被自卑笼罩的人，总认为自己事事不如人，自惭形秽，丧失信心，进而悲观失望，不思进取。把自卑从你的字典里删去，自信就有了它本来的光彩。

 知识点链接

> **种族歧视**
>
> 种族歧视是指根据种族将人们分割成不同的社会阶层，从而加以区别对待的行为。比如，白种人可以享受种种特权，但黑种人却要受到种种规定的限制。曾经在美国，就有过这样的规定：黑人与白人不能同坐一个车厢，连餐车、厕所、售票口、候车室、行李室、出入口都实行种族隔离。在许多州，黑人还不能和白人一块读书、同桌吃饭。种族歧视问题在过去非常严重，现在已经有所改观。

转换你看自己的角度

有个小男孩头戴球帽，手拿球棒和棒球，全副武装地来到自家后院。

"我是世界上最伟大的打击手。"他自信满满。把球往空中一扔，用力挥棒，但却没

> **写作关键词**
>
> 自信满满 转换视角

做个有完美性格的男孩

有打中。

他毫不气馁，又往空中一扔，大喊一声："我是最厉害的打击手。"

他再次挥棒，可惜又落空了。

他愣了半响，仔仔细细地将球棒和棒球检查了一番。

他站了起来，又试了一次，这次他仍告诉自己："我是最杰出的打击手。"

然而他第三次尝试又落空了。

"哇！"他突然跳了起来，"原来我是第一流的投手！"

·男孩应该懂得的道理·

让自己重新满怀信心，其实很简单——事实仍是事实，而你只需转换一下视角。例如，你的数学成绩不如意，那你不妨将视角转向自己那非常卓越的文学才华；你不擅长音乐、舞蹈，那就不妨将视角转向自己那与众不同的运动天赋。

知识点链接

棒球

12世纪中期，用棒打球的游戏成为了法国和西班牙复活节上的一种习俗。现在，它已经成为了世界各国青少年特别喜爱的一项球类运动。棒球的规则和玩法很简单，分为攻、守两方，利用球棒和手套，在一个扇形的棒球场里进行比赛。比赛中，两队轮流攻守，当进攻球员成功跑回本垒，就可得1分。比赛共进行9局，哪一队的得分最高就胜出。

自信的价值

一个年轻男孩对智者说:"老师,我觉得自己什么事也干不好。没有人看重我,我该怎么办呢?"

写作关键词
失意 自我价值 自信
迷茫 发现自我

智者说:"孩子,我很同情你的遭遇,但不能帮你,因为我必须先处理好自己的问题。"智者停顿了一会儿后说:"如果你愿意帮我,我就可以很快处理好问题,然后也许就能帮你了。"

"好吧。"年轻人犹豫了一会儿后说。

于是智者坐下来,从手指上脱下一枚戒指交给年轻人说:"你到集市上把这枚戒指卖了,因为我需要钱还债。换回的钱越多越好,无论如何不能少于1个金币。"

年轻人到了集市,但是,听年轻人说戒指的最低价不能少于1个金币后,集市上的人有的哈哈大笑,有的说年轻人头脑发昏,只有一位慈祥的老太太告诉年轻人他要价太高了。年轻人穿过集市,到处兜售戒指,但没人肯出1个金币。年轻人垂头丧气地回来了。他多想自己能有1个金币,这样就可以把钱给智者,帮其还债,而智者就可以给他忠告和帮助了。

年轻人说:"老师,对不起,我没能达到你的要求。也许我可以卖到两个或三个银币,但我觉得那不应该是这枚戒指的真正价值。"

"年轻的朋友,你说得太对了。"智者笑着说,"你再去一趟珠宝店,没人比珠宝商更清楚它的价值了。你跟珠宝商说我要把戒指卖

掉，问他能出多少钱，但不要真卖戒指，问完价格后你再带戒指回来。"

珠宝商仔细看了看戒指后说："告诉你老师，如果他想卖戒指，我最多可以给他58个金币。"

"58个金币！"年轻人惊呼。"对。"珠宝商说，"如果不着急的话，我可以出70个金币，可是如果你着急脱手……"

年轻人兴奋地跑回去，将发生的一切告诉智者。智者说，"你就像这枚戒指，珍贵、独一无二，只有专家才能真正判定你的价值。你怎能期望生活中随便一个人就能发现你真正的价值呢？关键是要相信自己。"智者说着将戒指套回到手指上。

• 男孩应该懂得的道理 •

我们在失意的时候，往往会怀疑自己的价值。但如果任由这种怀疑不停地蔓延，那可能真的会让自己变得毫无价值。所以，生活中即便失去很多，也不能失去自信。只有不断地挖掘，你的价值才会不断地提升。

知识点链接

集市

集市，即农村或小城市中定期买卖货物的市场，多以农副产品为主。古代也叫"墟市"、"集墟"。"集"含"人与物相聚会"之意。到集市买卖称"上集"、"赶集"，到集上随便看看称"逛集"、"赶闲集"。

集市的种类一般有如下几种：

日集：即天天有集。

间日集：即每隔数日举行一次的集市。

腊月集：即每年农历腊月出现的年货市场。

早市：即每天一早开始的集市。

夜市：即每天晚上开始的集市。

你自己就是圣人

写作关键词
相信自己 创造奇迹
收获成功

1947年，美孚石油公司董事长贝里奇到开普敦巡视工作。在卫生间里，他看到一位黑人小伙子正跪在地上擦洗黑污的水渍，并且每擦一下，就虔诚地叩一下头。贝里奇感到很奇怪，问他为何如此。黑人答道："我在感谢一位圣人。"贝里奇问他为何要感谢那位圣人。小伙子说："是他帮助我找到了这份工作，让我终于有了饭吃。"贝里奇笑了，说："我曾经也遇到一位圣人，他使我成了美孚石油公司的董事长，你愿意见他一下吗？"小伙子说："我是个孤儿，从小靠锡克教会养大，我一直都想报答养育过我的人。这位圣人若能使我吃饱之后，还有余钱，我很愿去拜访他。"

贝里奇说："你一定知道，南非有一座有名的山，叫大温特胡克山。据我所知，那上面住着一位圣人，能为人指点迷津，凡是遇到他的人都会前程似锦。20年前，我到南非登上过那座山，正巧遇上他，并得到他的指点。假如你愿意去拜访，我可以向你的经理说情，准你一个月的假。"

这位年轻的小伙子是个虔诚的锡克教徒，很相信神的帮助，他谢过贝里奇后，就真的上路了。30天的时间里，他一路披荆斩棘，风餐露宿，终于登上了白雪覆盖的大温特胡克山。然而，他在山顶徘徊了一天，除了自己，什么都没有遇到。

做个有完美性格的男孩

黑人小伙子很失望地回来了。他见到贝里奇后说的第一句话是:"董事长先生,一路我处处留意,但直至山顶,我发现,除我之外,根本没有什么圣人。"贝里奇说:"你说得很对,除你之外,根本没有什么圣人。因为,你自己就是圣人。"

20年后,这位黑人小伙子做了美孚石油公司开普敦分公司的总经理,他的名字叫贾姆讷。在一次世界经济论坛峰会上,他作为美孚石油公司的代表参加了大会。在面对众多记者的提问时,关于自己传奇的一生,他说了这么一句话:"你发现自己的那一天,就是你遇到圣人的时候。"

·男孩应该懂得的道理·

我们经常把外界的偶然因素看得很重,而事实上,能创造奇迹的人,只有你自己。多给自己一些自信,多相信自己,你就会收获成功。命运永远掌握在我们自己手中,想要拥有怎样的生活,就要付出怎样的努力!

 知识点链接

艾弗森美孚石油公司

艾弗森美孚石油公司由约翰·洛克菲勒于1882年创建。在商业界,提起美国洛克菲勒家族的财富盛名,用"家喻户晓""妇孺皆知"来形容绝不为过。中国有句老话,说"富不过三代",但是洛克菲勒家族发展到现在已经是第六代了,依然如日中天、独"富"天下。在别的富家子弟忙着吃喝玩乐时,洛克菲勒家族的后代们都在积极地参与文化、卫生与慈善事业,将大量的资金用来建立各种基金,投资大学、医院,让整个社会分享他们的财富。

不能相信自己的人，
最终会埋没自己的才能

写作关键词
相信自己 认识自己 发掘自己 重用自己 埋没才能

古希腊流传着这样一个故事：

大哲学家苏格拉底在风烛残年之际，知道自己剩下的日子不多了。他想考验一下他身边最优秀的学生，顺便点化一下他。

苏格拉底把助手叫到床前，说："我的蜡所剩不多了，得找另一根蜡接着点下去，你明白我的意思吗？"

"明白，"那位助手赶忙说，"您的思想光辉是得很好地传承下去……"

"可是，"苏格拉底慢悠悠地说，"我需要一位最优秀的传承者，他不但要有相当的智慧，还必须有充分的信心和非凡的勇气……你帮我寻找一位好吗？"

"我一定竭尽全力。"

苏格拉底笑了笑。

那位忠诚而勤奋的助手，不辞辛劳地通过各种渠道开始四处寻找。可他领来一位又一位，都被苏格拉底一一婉言谢绝。一次，当那位助手再次无功而返时，病入膏肓的苏格拉底硬撑着坐起来，"真是辛苦你了，不过，你找来的那些人，其实都不如……"

"我一定加倍努力,"助手恳切地说,"找遍五湖四海,也要把最优秀的人选挖掘出来。"

苏格拉底笑笑,不再说话。

半年之后,苏格拉底眼看就要告别人世,最优秀的人选还是没有眉目。助手非常惭愧,"我真对不起您,令您失望了!"

"失望的是我,对不起的却是你自己,"苏格拉底很失意地闭上眼睛,停顿了许久,才又不无哀怨地说,"本来,最优秀的就是你自己,只是你不敢相信自己,才把自己给忽略、给丢失了……其实,每个人都是最优秀的,差别就在于如何认识自己、如何发掘和重用自己……"一代哲人就这样永远地离开了他曾经深切关注着的世界。

那位助手非常后悔,甚至自责了整个后半生。

· 男孩应该懂得的道理 ·

你相信自己是珍珠,那你就会成为珍珠;你认为自己是泥土,那你就真的会成为泥土。其实,每个人都是最优秀的,差别就在于如何认识自己、发掘自己和重用自己。不能相信自己的人,最终会埋没自己的才能。

 知识点链接

苏格拉底

苏格拉底是古希腊著名的思想家、哲学家、教育家,他和他的学生柏拉图,以及柏拉图的学生亚里士多德被并称为"古希腊三贤",更被后人广泛认为是西方哲学的奠基者。

只要善于挖掘自己的"宝藏"，每个人都能创造奇迹

一个穷困潦倒的青年流浪到巴黎，期望父亲的朋友能帮他找到一份谋生的差事。

写作关键词
优点、自卑 自我价值 能力宝藏

"数学精通吗？"父亲的朋友问他。青年羞涩地摇摇头。"历史、地理怎么样？"青年还是不好意思地摇摇头。"那法律呢？"青年窘迫地低下了头。

"会计怎么样？"父亲的朋友接连发问，青年都只能摇头告诉对方——自己似乎一无所长，连丝毫的优点也找不出来。

"那你先把自己的住址写下来吧，我总得帮你找一份事做呀。"青年羞愧地写下了地址。转身要走时，却被父亲的朋友一把拉住了，"年轻人，你的名字写得很漂亮嘛，这就是你的优点啊，你不该只满足找一份糊口的工作。"

把名字写好也算优点？青年在对方眼里看到了肯定的答案。数年后，青年果然写出了享誉世界的作品——《基督山伯爵》。他就是法国著名作家大仲马。

• 男孩应该懂得的道理 •

世间的许多人，都拥有一些诸如"能把名字写好"这类小小的优点，但由于自卑等原因，常常被自己忽略了。其实，在这个世界

上,谁都不会一无是处,只要善于挖掘自己的"宝藏",每个人都能创造奇迹。

 知识点链接

大仲马

大仲马,法国 19 世纪浪漫主义作家,自学成才,一生写的各种著作达 300 卷之多,主要以小说和剧作著称于世,代表作有《三个火枪手》和《基督山伯爵》。他被称为"一代天才的小说家",他也是马克思最喜欢的作家之一。2002 年,也就是大仲马去世 132 年后,他的灵柩被移入法国先贤祠,与雨果、左拉同居一室。

 07

自信是成功的第一秘诀

年轻的亨利是美国的一个流浪汉,身材矮小,相貌丑陋,他为此非常自卑。一天,他儿时的朋友切尼兴冲冲地找到他,带给他一个无比震惊的消息。切尼说:"我看到一本杂志,里面有一篇文章说拿破仑有一个私生子流落到美国,并且这个私生子又生了好几个儿子,杂志中所讲的这些人的全部特征都跟你很相似,个子矮小,讲一口带法国口音的英语。

写作关键词

自卑 信念 充满信心

据说他们后来失散在各个地方，我敢肯定你是拿破仑的一位后代！"

"真的是这样吗？"亨利尽管半信半疑，但还是在心底不停地念叨着，"我是拿破仑的孙子。"渐渐地，这个挥之不去的意念使他确信这是一个事实！

于是亨利的人生整个被改变了。以前因为个子矮小而充满自卑，现在他却因此而自豪，我爷爷就是靠着这种形象指挥千军万马，征服欧洲的；以前总觉得自己英语发音不标准，像一个令人讨厌的乡巴佬，现在却觉得自己带一点法国口音的英语发音实在是悦耳动听。

雄心勃发的亨利白手起家，决心开创出一番事业来。不用说，他遇到了无数难以想象的困难，但他却一直充满了信心。他对自己说："在伟大的拿破仑的字典里找不到'难'这个字的。"就这样，凭着自己是拿破仑后代的信念，他克服了种种困难，成为一家公司的董事长，并且在他当年经常闲逛的公园对面，盖了一栋30层的办公大楼。

在公司成立10周年的日子，他请人去调查自己的身世，结论是他并不是拿破仑的孙子。但亨利并未因此感到沮丧："我是不是拿破仑的孙子并不重要，重要的是'拿破仑的孙子'已是我心中的一面旗帜。"

·男孩应该懂得的道理·

每个人都是独一无二的，各自有不同的兴趣爱好，有不同的个性特征，人生的发展过程与结果也绝不会一样。但有一点是相同的：凡是人生精彩的人，心中必定有一颗自信的种子。

亨利由一个失意者成为一个大公司的董事长，不就是因为他在心中埋下"我是拿破仑的孙子"这颗自信的种子吗？可见，自信是人生走向成功的力量源泉，正如美国作家爱默生所说："自信是成功的第一秘诀。"

而事实上，在心中埋一颗自信的种子，是人人都可以做到的事。

做个有完美性格的男孩

知识点链接

董事长

董事长是公司或集团的最高负责人，股东利益的最高代表，统领董事会。日本和韩国比较特殊，他们称公司或集团的最高负责人为会长。

董事长的职责具有组织、协调、代表的性质，他不管理公司的具体业务，CEO的权力都来源于他。只有他拥有召开董事会、罢免CEO等最高权力。

天生我材必有用

在印度有个挑水的人，一根扁担横过脖子，两边挑着两个大水罐，每天往返挑水。一边的水罐是完好无缺的，井里挑多少水，回到主人家就是多少水；另一边的水罐有一道裂缝，原来是一罐的水，回到主人家只剩半罐水。

写作关键词

缺点 接纳 不完美

两年过去了。完好的水罐对自己的表现感到很骄傲，有裂缝的水罐对自己只能完成一半的任务感到痛苦和羞耻。

有一天，有裂缝的水罐对挑水的人说："先生，因为我的不完好，每次只能运送一半的水，害你要辛苦多走几回。为此我要向你道歉。"

挑水的人微笑着说:"等一下我们回主人家时,请你注意一下路旁那些美丽的花。"

在那次回程中,有裂缝的水罐四下张望。

它看到路的旁边,一路开了许多美丽的花,各种品种都有,各种颜色都有,好看极了。它稀奇自己平时没有留意到这个。但是它也发现了一件奇怪的事,回程中,只有它这一边的路旁长了花,对面的路旁却没有花。

它问挑水的人这是什么原因。挑水的人回答说:"我知道你是个漏水的罐子,但是我没有丢弃你。我在你回程的这一边,洒下了花种。每次回程时,你的涓涓滴水就在浇灌着这些花种。这两年来,主人家的桌子上从不缺少美丽的鲜花,那都是因为你的缘故。你不知道,是因为我剪花的时候你没看到。"

------- ·男孩应该懂得的道理· -------

每个人都是重要的、有用的,即使是最卑微的人,他也有活着的意义和贡献。因此,不要盯着自己的缺点不放,要学会接纳不完美的自己,更要相信天生我材必有用。

知识点链接

印度

印度,位于亚洲南部,国土面积居世界第七,拥有悠久的历史,是四大文明古国之一,也是世界三大宗教之一——佛教的发源地。印度是世界上仅次于中国的第二人口大国。印度的电影业非常兴盛,有"电影王国"之誉。印度的科技信息业非常发达,在国际上不容小觑。印度名胜古迹众多,其中最著名的泰姬陵,有"人间建筑奇迹"之美称。印度还有个国宝级的人物享誉国内外,那就是泰戈尔,他是亚洲第一位获得诺贝尔文学奖的作家。

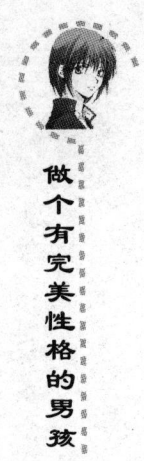

做个有完美性格的男孩

09 人生没有"不可能"

写作关键词
意志 丢掉不可能 勇往直前

拿破仑·希尔从小立志成为一名作家。同时，他也非常清楚，要成为著名作家，一定要先拥有运用文字的娴熟技巧，所以他必须先有一本好字典。可是，他生长在穷困的乡间，要获得足够的零钱去买一本好字典，几乎是不可能的事。

抱着积极思想的小希尔却不接受这个事实，他竭尽所能地去积攒能获得或赚得的每一分钱，终于有一天，他存够了钱，买到了一本字数最多、内容最详尽的好字典。

希尔拿到他的字典后，第一件事便是翻到"impossible（不可能）"这个词，随即把这个词剪下来丢掉。他说，在我的字典中，绝不要有"不可能"这个词，我的一生中也永远不要有不可能完成的事。

岁月证明，他确实成功了。

----------•男孩应该懂得的道理•----------

永远不要消极地认定什么事情是不可能的，首先你要认为你能，再去尝试、再尝试，最后你就发现你确实能。在这一方面，拿破仑·希尔给我们做出了榜样，他从字典里剪掉"不可能"，体现的是他勇往直前的勇气，更体现了他强大的自信心。当然，这样说，并不是要你像拿破仑·希尔那样将"impossible"这个词剪去，只要你能在

"I"和"m"这两字字母之间加上一个小撇，使之变成一个短句"I'm possible（我是可能的）"，你便能够和拿破仑·希尔一样，从此对自己想做到的皆保持可能的信念。而加上的这个小撇，正是你对自己的信心。

 知识点链接

拿破仑·希尔

拿破仑·希尔是美国成功学励志专家，成功学、创造学、人际学的世界顶尖培训大师，他的名字在美国可谓家喻户晓。他创建的成功哲学和十七项成功原则，以及他永远旺盛的热情，鼓舞了千百万人，因此他被称为"百万富翁的创造者"。

拿破仑·希尔的著作《成功规律》《人人都能成功》《思考致富》等被译成26种文字，在34个国家和地区出版发行，畅销200多万册，是所有追求成功者必读的教科书，数以万计的政界要员、商贾富豪都是他著作的受益者。

两颗种子，两种人生

春天到了，轻柔的风吹拂着睡眼惺忪的世界，万物开始复苏。两颗种子也醒了，它俩正躺在一片肥沃的土壤里，憧憬着各自的未来。

写作关键词
自信 相信自己 不放弃

做个有完美性格的男孩

第一颗种子说:"我一定要努力生长!我要向下扎根让生命在土壤里变得坚强!我要'出人头地',让绿色的茎在风中舞蹈,去歌颂春天的到来!我还要开出美丽的花朵,结出丰硕的果实,这样我就既可以感受春晖照耀脸庞的温暖,也可以体味晨露滴落花瓣的喜悦,还可以体悟生命成熟的真谛!"

第二颗种子皱着眉头,声音颤抖地说:"我可没有你那么自信!向下扎根,也许会碰到坚硬的石块;用力往上钻,可能会伤到我脆弱的茎;长出幼芽,难保不会被蜗牛吃掉;开出美丽的花,小孩看了会连根拔起;结出果实,还会被不劳而获的家伙偷偷摘去。"

第一颗种子的自信变成了行动,它开始萌发。

第二颗种子则继续瑟缩在自认为十分安全的土壤里。

几天后,一只母鸡在庭院里觅食,第二颗种子就这样不声不响地进了母鸡的肚子。

第一颗种子一直在努力地生长。它受过伤,挨过冻;它被人踩踏过,被蜗牛啃过;它哭过笑过,但是它始终相信自己能战胜一切困难。每当寒夜侵袭,一切沉寂下来的时候,它也会不时地感到一种难以抑制的孤独和凄凉。

但它总是一遍一遍地对自己说:"我相信自己!我不会放弃!因为我有梦啊!"

终于有一天,它长大了,开出了娇艳的花,结出了累累的果实。它笑了,很开心!

· 男孩应该懂得的道理 ·

同样的生存空间和生活环境,却造就了两种截然不同的人生,出现了两种不同的生命结果。原因何在?其实,比起第一颗种子,第二颗种子所缺乏的仅仅是自信。

男孩们,看完了这个故事,如果让你们选择,你们愿意做哪颗种子呢?

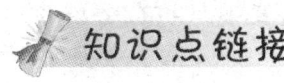

知识点链接

种子的力量

种子的力量有多大?

在中学课本中,当代文学家夏衍已经给出了答案:"人的头盖骨结合得非常致密与坚固。生理学家和解剖学家用尽了一切方法,要把它完整地分开来,都没有成功。后来忽然有人发明了一个方法,就是把一些植物的种子放在要剖析的头盖骨里,给以温度和湿度,使种子发芽。一发芽,这些种子便以可怕的力量,将一切机械力所不能分开的骨骼,完整地分开了。"

夏衍还在最后这样总结说:"这是一种'长期抗战'的力……如果不落在肥土中而落在瓦砾中,有生命的种子决不会悲观、叹气,它相信有了阻力才有磨炼。"

11 不要让自卑成为一种习惯

被公认为美国历史上最伟大的总统——林肯,在当选那一刻,整个参议院的议员都感到尴尬。因为当时美国的参议员大部分出身名门望族,都是上流社会的人,从未料到要面对的总统是一个出身卑微的人——因为林肯的父亲是个鞋匠。

写作关键词
出身卑微 不卑不亢

于是，当林肯第一次在参议院演说时，就有参议员打算羞辱他。当林肯站在演讲台上的时候，有一位态度傲慢的参议员站起来说："林肯先生，在你开始演讲之前，我希望你记住，你是一个鞋匠的儿子。"所有的参议员都大笑起来，为自己虽然不能打败林肯却能羞辱他而开怀不已。

等到大家的笑声停止后，林肯不亢不卑地说："我非常感激你！使我想起我已经过世的父亲，我一定会永远记住你的忠告，我永远是鞋匠的儿子！我知道我做总统永远无法像我父亲做鞋匠做得那么好。"

参议院立刻陷入一片静默之中。林肯转头对傲慢的参议员说："据我所知，我父亲以前也曾为你及你的家人做过鞋子，如果你的鞋子不合脚，我可以帮你修正它，虽然我不是伟大的鞋匠，但是我从小就跟父亲学会了做鞋子这门手艺。"然后他用温和的目光扫视着全场所有的参议员，"对参议院里的任何人都一样，如果你们穿的那双鞋是我父亲做的，而它们需要修理或改善，我一定尽可能帮忙。但是有一件事是可以确定的，我无法像他那么伟大，他的手艺是无人能比的。"说到这里，林肯流下了眼泪。顷刻，全场爆发出了雷鸣般的掌声。

------- ·男孩应该懂得的道理· -------

你会因为出身卑微、家境不如人而感到自卑，觉得低人一等，在别人面前抬不起头吗？如果有，那就学学林肯吧。出身真的不能决定什么，并不足以使你感到自卑，决定你是否受到他人更多关注的是你自己的努力。只要你自己相信自己，就能拥有你想拥有的一切。

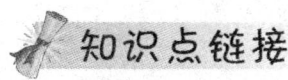

亚伯拉罕·林肯

亚伯拉罕·林肯,美国第16任总统,是美国历史上首名遇刺身亡的总统。林肯领导了美国南北战争,颁布了《解放黑人奴隶宣言》,维护了美联邦统一,为美国在19世纪跃居世界头号工业强国开辟了道路,使美国进入经济发展的黄金时代。正因林肯为美国做出的卓越贡献,他与乔治·华盛顿、富兰克林·罗斯福一起被公认为美国历史上最伟大的3位总统。

成功往往偏爱拒绝接受"不可能"的人

写作关键词

不可能 信念 成功

1968年的某天,罗伯·舒乐博士立志要在加州用玻璃建造一座水晶大教堂。他向著名的建筑设计师菲利普·强生表达了自己的构想:"我要的不是一座普通的教堂,我要在人间建造一座伊甸园。"

强生问起他的预算情况,舒乐博士坚定而又明确地说:"我现在一分钱都没有,所以对我来说,100万美元和400万美元并没有什么

区别。重要的是，这座教堂本身要具有足够的吸引力，以吸引捐款者的到来。"

教堂最终的预算是 700 万美元。700 万对当时的舒乐博士而言，不仅超出了他的能力范围，甚至已经超出了他的想象范围。

但舒乐博士并没有知难而退。当天晚上，他拿出一张白纸，在最上面写下"700 万美元"几个大字，然后又写下了 10 行文字：

1. 找到 1 笔 700 万美元的捐款；
2. 找到 7 笔 100 万美元的捐款；
3. 找到 14 笔 50 万美元的捐款；
4. 找到 28 笔 25 万美元的捐款；
5. 找到 70 笔 10 万美元的捐款；
6. 找到 100 笔 7 万美元的捐款；
7. 找到 140 笔 5 万美元的捐款；
8. 找到 280 笔 2.5 万美元的捐款；
9. 找到 700 笔 1 万美元的捐款；
10. 卖出教堂 1 万扇窗户的署名权，每扇 700 美元。

对 700 万美元的预算作了如上分解之后，舒乐博士着手进行他的招商计划。

60 天后，他用水晶大教堂奇特而又美妙的模型深深打动了富商约翰·科林，使他得到第一笔 100 万美元的捐款。

第 65 天，一对被舒乐博士演讲打动的农民夫妇，捐出第一笔 1000 美元。

第 90 天，一位钦佩舒乐博士的陌生人在自己生日当天，寄给他一张 100 万美元的银行支票。

8 个月后，一名捐款者对舒乐博士说："如果你的诚意和努力能筹到 600 万美元，剩下的 100 万由我来付。"

第二年，舒乐博士以每扇 700 美元的价格请求美国人认购水晶大教堂的窗户，付款的办法是每月 50 美元，14 个月分期付清。在随后的6个月里，一万扇窗户全部售出。

1980年9月，历时12年，可容纳一万多人的水晶大教堂竣工，成为世界建筑史上的奇迹和经典，也成为世界各地前往美国加州的游人必去瞻仰的胜景。

・男孩应该懂得的道理・

成功往往偏爱拒绝接受"不可能"的人，成功者的字典里从来没有"不可能"这3个字。"不可能"不仅阻止人们的成功，而且会让人们放弃理想，否定自我。永远不要消极地认定什么事情是不可能做到的，只要你坚定信念，认为自己能，最后你就会发现你确实能。

知识点链接

伊甸园

根据《旧约·创世纪》记载，上帝在东方的伊甸，为亚当和夏娃造了一个乐园。园子的地上撒满了金子、珍珠、红玛瑙，各种树木从地里生长出来，开满各种奇花异卉，树上的果子还可以作为食物。园子里还有各式各样的飞禽走兽，河水在园中淙淙流淌，滋润大地。亚当和夏娃吃着甜果，漫步林间草地，过着无忧无虑、和谐美满的生活。后世以此喻乐园。

男孩自信手册——如何做到自信

1. 挑前面的位子坐。

心理学家通过研究证实,坐在前面能帮助人们建立信心。坐在前排,蕴含的意思是"我能行"、"我很棒"、"我是无可畏惧的"。因此,从现在开始,你不妨试试看。当然,也许你会觉得坐在前面会比较显眼。但请记住一点:有关成功的一切都是显眼的。

2. 回忆过去的勇敢时刻。

如果我们系统地重温过去一系列的勇敢时刻,我们就会惊奇地发现,我们比想象中的自己要勇敢得多。生动回忆我们过去的成功和勇敢的时刻,是自信心动摇时极其有益的训练,也是我们不断攀向成功高峰的有效途径。

3. 走路时抬头挺胸,步伐稍快。

心理学家发现,人的内心体验和行为姿势密切相关,因此,在走路时,应双肩平直、抬头挺胸、步伐稍快且坚定有力,这样会让人感觉有自信、有朝气、有内在力量,充满希望,同时也有助于保持自己的自信心。

4. 与人交流时正视对方。

在与人交谈时,一个人的眼睛能够透露出许多的信息:

不正视别人说明你很自卑,你感觉不如对方,你怕他(她);

躲避别人的眼神说明你有罪恶感,你做了或想到什么你不希望别人知道的事,或者你怕别人看穿你;

正视别人说明你很诚实,你做的事都是光明正大的,你说的话也是值得相信的。

因此,在与人交流时,要注视对方的眼睛,这样别人才能够感受到你的真诚。

第二章

胸怀宽广,让男孩的人生舞台更宽广

宽容,主要指对他人的不同做法、不同思想、不同言论、不同信仰等的理解以及尊重,也就是不把自己认为"对"或者"错"的东西强加于别人。

拥有宽广胸怀的男孩,不睚眦必报,不刚愎自用,友好对待身边的每一个人。拥有更多的朋友,也便拥有了更为广阔的人生舞台。

做个有完美性格的男孩

● 谦让他人，不锱铢必较，不斤斤计较。

解说语：退一步海阔天空，谦让是绅士的表现，是优秀男子汉的标志。

● 宽容他人，不睚眦必报，不对他人犯下的错误耿耿于怀。

解说语：宽容是一种宽如大海的胸怀，一种至高无上的境界，一种男子汉最应具有的优秀品质。宽容不但是在给别人机会，还是在为自己创造机会。

● 善待他人,哪怕他是自己的敌人,只有这样才能"多交朋友,少树敌人"。

解说语:善待他人,甚至连敌人都善待,那么敌人就会渐渐变成朋友。朋友越来越多,敌人越来越少,这是一个男子汉成大事的基础!

● 心胸豁达,不轻易愤怒不乱发脾气,不生气。

解说语:康德曾经说过:"发怒,是用别人的错误来惩罚自己。"所以,宽恕别人的错误也是在善待自己。想想看,发怒、生气能解决实际问题吗?如果不能,不妨力争做到"生气不如争气"。

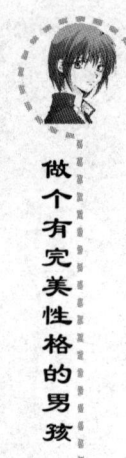

做个有完美性格的男孩

01 宽容的美德

清代大学士张英在京为官时,一天,他收到一封家书。看过之后,他明白了事情的原委:原来,家人的吴姓邻居想向外扩三尺院墙,而张英的家人寸土不让,由此争执不下。无奈,家人写信给张英,希望借他的权势威吓邻居,以使邻人停止侵占院墙。张英随即回信一封:

写作关键词
宽容 释怀 善待他人

千里修书只为墙,让他三尺又何妨。

万里长城今尚在,不见当年秦始皇。

家人接信后,立即按照张英的意思让出了三尺地给邻居。邻居知道此事后,深感愧疚,也主动让出了自己的三尺地,于是就形成了一个有名的"六尺巷"。于是,这个故事成为宽容的美谈,流传至今。

· **男孩应该懂得的道理** ·

一位哲人说过一番耐人寻味的话:天空收容每一片云彩,不论其美丑,故天空广阔无比;高山收容每一块岩石,不论其大小,故高山雄伟壮观;大海收容每一朵浪花,不论其清浊,故大海浩瀚无比。

宽容是深藏于心的体谅,是对别人的释怀,也是对自己的善待,宽容了别人就等于宽容了自己,更创造了生命的美丽。

 知识点链接

六尺巷

六尺巷位于今安徽省桐城市的西南一隅，是一条全长约180米、宽两米的巷道。现在，因典故之故，六尺巷已经是桐城古城的著名旅游景点，到安徽桐城旅游的游客，六尺巷是必参观的一景。

退一步海阔天空

从前，森林中有一条河流，河水湍急，不停地打着漩涡，奔向远方。河上有一座桥，窄得每次只容一人经过。

 写作关键词

两败俱伤　互相宽容

某日，东山上的羊想到西山上去采草莓，而西山的羊想到东山上去采橡果，结果两只羊同时上了桥，到了桥中心，彼此碰上了，谁也走不过去。

东山的羊见僵持的时间已很长了，而西山的羊照样没有退让的意思，便冷冷地说道："喂，你的眼睛是不是长在屁股上了，没见我要去西山吗？"

"我看你是干脆连眼都没长吧，要不，怎么会挡我的道？"西山的羊反唇相讥。

做个有完美性格的男孩

"你让是不让,不让开,我就闯。"东山的羊摇了一下头,那意思是说:"看到没有,我的犄角就像两把利剑,它正想尝尝你的一身肥肉是否鲜美呢。"

"哼,跟我斗,没门!"西山的羊仰天长哞一声,便低头用犄角去顶东山的羊。

"好小子,我看你是不想活了!"东山的羊边骂边低头迎上西山的羊。

"咔!"这是两只羊的犄角相碰撞的声音。

"扑通!"这是两只羊失足,同时落入河水中的声音。

森林里安静下来,两只羊跌入河水中淹死了,尸体很快就被河水冲走了。

-------·男孩应该懂得的道理·-------

俗话说:"经路窄处,留一步与人行,滋味浓者,减三分让人尝。"上面这则故事,正是蕴含了路径窄处,留一步与人行的道理。在狭窄的路口处,不妨让别人先行,自己退让一步。表面看来,自己吃了亏,但实际上,如果彼此都不相让,势必会两败俱伤,倒不如互相宽容。

 知识点链接

成语故事——两败俱伤

战国的时候,有一个很聪明、讲话幽默的人,名叫淳于,他知道齐宣王正准备要去攻打魏国,便去晋见齐宣王,说:"大王,您听过韩子卢和东郭逡的故事吗?韩子卢是天底下最棒的猎犬,东郭逡是世界上最有名的狡兔。有一天,韩子卢在追赶东郭逡,一只在前面拼命地逃,一只在后面拼命地追。结果呢!它们两个都跑到精疲力竭,动弹不得,全倒在山脚下死了。这个时候，正好有个农夫经过，便毫不费力地把它们两个一齐带回家煮了吃掉。"齐宣王一听："这跟我要去攻打魏国有什么关系呀？"淳于接着说："大王，现在齐国发兵去攻打魏国，一定不能在短期内就可以打赢。到头来，双方都弄得民穷财尽，两败俱伤，不但老百姓吃苦，国家的兵力也会大受损伤，万一秦国和楚国趁机来攻打我们，那不是平白送给他们机会一并吞掉齐国和魏国吗？"齐宣王听了淳于的话，觉得很有道理，就停止了攻打魏国的计划。

后来，大家在形容二个能力差不多的人互相争斗，不但谁也没赢还彼此都受了伤，就说是"两败俱伤"。

多一个朋友，就少一个敌人

从前有一片大森林，那里有一个男孩叫斑卜，他以打猎为生，经常在密林中安装捕兽套子。由于他安装的地方是野兽们经常出没的路线，几乎每天都有

写作关键词

原谅 对手 敌人 朋友

收获。有一天他又去收套子，却发现套子上只有动物脱落的毛，动物已经被人取走了。斑卜很生气，于是他就在纸上画了一张很生气的脸，放在套子上。第二天他又去收套子，发现套子上有一片大树叶，树叶上画着一个圈，圈子里有房子，房子旁边还有一只狂吠的狗。斑卜不知道是什么意思，他想：为什么别人拿走了我的动物还

要画图呢。他觉得应该和这个人见面说理，于是他就画了一个正午的太阳，还有两个人站在捕兽套边。

第三天中午他又来到了这里，看到一个浑身插满了野鸡毛的印第安人在那里等他。他们彼此语言不通，只能通过手势来对话。印第安人用手势告诉斑卜：这里是我们的地盘，你不可以在这里装套子。斑卜也打手势说：这是我装的套子，你不能拿走我的果实。

两个人都感觉出对方有些恼怒。斑卜想，与其多一个敌人，还不如多一个朋友，于是他就大方地将捕兽套送给那个印第安人了。后来有一天，斑卜打猎时遇到了狼群追赶，被迫跳下了悬崖。等到他醒来的时候，他发现自己正躺在印第安人的帐篷里，伤口上还有印第安人给他上的药。此后他就成了印第安人的好朋友，和他们生活在一起，共同打猎。

·男孩应该懂得的道理·

生活中我们难免会遇到被人慢待甚或轻侮之事，对此不要介意。因为你原谅了别人，就会多了一个朋友，而少了一个对手。

知识点链接

印第安人

印第安人又称美洲原住民，是除爱斯基摩人外的所有美洲土著居民的总称。他们之所以被称为"印第安人"，主要是因为当年意大利航海家哥伦布航行至美洲时，误以为所到之处为印度，因此将此地的土著居民称作"印度人"，后人虽然发现了错误，但是原有称呼已经普及，所以英语和其它欧洲语言中称印第安人为"西印度人"，在必要时为了区别，称真正的印度人为"东印度人"。汉语翻译时直接把"西印度人"这个单词翻译成"印第安人"，免去了混淆的麻烦。

给别人机会，
就是为自己创造机会

一次，楚庄王因为打了大胜仗，十分高兴，便在宫中设盛大晚宴，招待群臣，宫中一片热火朝天。楚王也兴致高昂，叫出自己最宠爱的妃子许姬，轮流着替群臣斟酒助兴。

写作关键词：宽容　机会

忽然一阵大风吹进宫中，蜡烛被风吹灭，宫中立刻漆黑一片。黑暗中，有人扯住许姬的衣袖想要亲近她。许姬便顺手拔下那人的帽缨并赶快挣脱离开，然后许姬来到庄王身边告诉庄王说："有人想趁黑暗调戏我，我已拔下了他的帽缨，请大王快吩咐点灯，看谁没有帽缨就把他抓起来处置。"

庄王说："且慢！今天我请大家来喝酒，酒后失礼是常有的事，不宜怪罪。再说，众位将士为国效力，我怎么能为了显示你的贞洁而辱没我的将士呢？"说完，庄王不动声色地对众人喊道："各位，今天寡人请大家喝酒，大家一定要尽兴，请大家都把帽缨拔掉，不拔掉帽缨不足以尽欢！"

于是群臣都拔掉自己的帽缨，庄王再命人重又点亮蜡烛，宫中一片欢笑，众人尽欢而散。

3年后，晋国侵犯楚国，楚庄王亲自带兵迎战。交战中，庄王发现自己军中有一员将官，总是奋不顾身，冲杀在前，所向无敌。众将士也在他的影响和带动下，奋勇杀敌，斗志高昂。这次交战，

晋军大败，楚军大胜回朝。

战后，楚庄王把那位将官找来，问他："寡人见你此次战斗奋勇异常，寡人平日好像并未对你有过什么特殊的好处，你为什么如此冒死奋战呢？"

那将官跪在庄王阶前，低着头回答说："3年前，臣在大王宫中酒后失礼，本该处死，可是大王不仅没有追究、问罪，反而还设法保全我的面子，臣深深感动，对大王的恩德牢记在心。从那时起，我就时刻准备用自己的生命来报答大王的恩德。大王，臣就是3年前那个被王妃拔掉帽缨的罪人啊！"

一番话使楚庄王和在场将士大受感动。楚庄王走下台阶将那位将官扶起，那位将官已是泣不成声。

•男孩应该懂得的道理•

俗话说得好："人非圣贤，孰能无过。"很多时候，面对别人犯的错，我们都需要宽容，宽容不仅是给别人机会，更是为自己创造机会。

知识点链接

楚庄王

楚庄王，春秋时期楚国最有成就的君主，春秋五霸之一，自公元前613年至前591年，共在位23年，后世对其多给予较高评价。庄王称霸中原后，不仅使楚国强大，也为华夏的统一、民族精神的形成发挥了一定的作用。

把鲜花送给对手

这是一场激烈的世界职业拳王争霸赛。

正在比赛的是美国两个职业拳手，年长的叫卡菲罗，35岁，年轻的叫巴雷拉，28岁。上半场两人打了六个回合，实力相当，难分胜负。在下半场第七个回合，巴雷拉接连击中老将卡菲罗的头部，打得他鼻青脸肿。

短暂的休息时，巴雷拉真诚地向卡菲罗致歉。他先用自己的毛巾一点点擦去卡菲罗脸上的血迹，然后把矿泉水洒在他的头上。巴雷拉始终是一脸歉意，仿佛这一切都是自己的罪过。

接下来两人继续交手。也许是年纪大了，也许是体力不支，卡菲罗一次又一次地被巴雷拉击倒在地。

按规则，对手被打倒后，裁判连喊三声，如果三声之后仍然起不来，就算输了。每次卡菲罗都顽强地挣扎着起身，每次都不等裁判将"三"叫出口，巴雷拉就上前把卡菲罗拉起来。卡菲罗被扶起后，他们微笑着击掌，然后继续交战。

裁判和观众都感到吃惊，这样的举动在拳击场上极为少见。

最终，卡菲罗以108∶110的成绩负于巴雷拉。观众潮水般涌向巴雷拉，向他献花、致敬、赠送礼物。巴雷拉拨开人群，径直走向被冷落一旁的老将卡菲罗，将最大的一束鲜花送进他的怀抱。

两人紧紧地拥在一起,相互亲吻对方被击伤的部位,俨然是一对亲兄弟。卡菲罗真诚地向巴雷拉祝贺,一脸由衷的笑容。他握住巴雷拉的手高高举过头顶,向全场的观众致敬。

·男孩应该懂得的道理·

卡菲罗虽然败了,但败得很有风度;巴雷拉赢了,赢得十分大气。在自己失败的时候,还能够坦然为成功的敌手庆贺,表现出的是一种难得的宽容;在自己胜利的时候,还热情地给失败的对手以鲜花,这是一种人格境界上的更大成功。从某种程度上说,两个人都赢了,赢在人格。

 知识点链接

拳击

拳击是一项既引人注目又颇具争议的运动。一方面,它不仅能培养和训练人们机智敏捷、沉着果断和勇敢坚强、不屈不挠的精神,而且也是一项能够促使身心全面发展的健身运动;另一方面,它太危险,野蛮没有绅士风度。但不管怎样,拳击运动还是吸引着不同国家、不同肤色的众多爱好者。

不生气是为了更争气

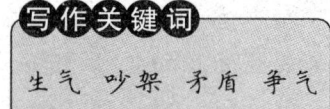

写作关键词
生气 吵架 矛盾 争气

在古老的西藏,有个叫爱地巴的人,每次生气和人起争执的时候,就以很快的速度跑回家去,绕着自己的土地和房子跑3圈,然后坐在田地边喘气。爱地巴工作非常勤劳努力,他的房子越来越大,土地也越来越广,但不管房地有多大,只要与人生气,他还是会绕着房子和土地跑3圈。

爱地巴为何每次生气都绕着房子和土地跑3圈?所有认识他的人,心里都很疑惑,但是不管怎么问他,爱地巴都不愿意说明。直到有一天,爱地巴很老了,他的土地也已经扩大得无边无际了。他生了气,照样拄着拐杖艰难地绕着土地和房子转,等他好不容易走完3圈,太阳已经下山了。爱地巴独自坐在田边喘气,他的孙子在身边恳求他:"公公!您已经这么大年纪了,这附近地区也没有其他人的土地比您的更广大,您不能再像以前,一生气就绕着土地跑了。还有,您可不可以告诉我您一生气就要绕土地跑3圈的秘密?"

爱地巴终于说出了隐藏在心里多年的秘密,他说:"年轻的时候,我一和人吵架、争论、生气,就绕着房地跑3圈,边跑边想自己的房子这么小,土地这么少,哪有时间和人生气呢?一想到这里,气就消了,把所有的时间都用来努力工作。"

孙子问道:"公公!那现在您年老了,又变成了最富有的人,为什么还要绕着房子和土地跑呢?"

爱地巴笑着说:"我现在还是会生气,生气时就绕着房子和土地跑3圈,边跑边想自己的房子这么大,土地这么多,又何必和人计较呢?一想到这里,气就消了。"

·男孩应该懂得的道理·

每一株玫瑰都有刺,正如每一个人的性格中,都有你不能容忍的部分。爱护每一株玫瑰,并不是努力把它的刺根除,而是学习如何不被它的刺刺伤。同样的,与人有矛盾的时候,生气或者吵架并不能解决问题,反而会激化矛盾,只有用宽容的态度解决问题,才会使得矛盾消散于无形之中。

 知识点链接

西藏

处于世界屋脊的西藏,位于中国的西南边陲,是世界上面积最大,海拔最高的高原,与南极、北极并称为"地球三级"。西藏江河纵横,湖泊密布,湖水清澈如镜,亚洲著名的恒河、印度河、湄公河、伊洛瓦底江的上源都在这里。西藏海拔5000米以上的山峰众多,长年白雪皑皑,其中耸立于中尼边境的珠穆朗玛峰,海拔8848米,为全球最高峰,是世界登山旅游的胜地。

多一些宽容，
生活中就多了一些美好

南非的民族斗士曼德拉，因为领导反对种族隔离政策而入狱，白人统治者把他关在荒凉的大西洋小岛罗本岛上 27 年。

写作关键词
胸襟 宽容 感恩
悲痛 怨恨

罗本岛位于离开普敦西北方向 7 英里的海湾。岛上布满岩石，到处都是海豹和蛇及其它动物。曼德拉被关在总集中营一个"锌皮房"里，他每天早晨排队到采石场，然后被解开脚镣，下到一个很大的石灰石田地，用尖镐和铁锹挖掘石灰石。有时从冰冷的海水里捞取海带。因为曼德拉是要犯，专门看押他的看守就有 3 人。当 1991 年曼德拉出狱当选总统以后，他在总统就职典礼上的举动震惊了世界。

总统就职仪式开始了，曼德拉起身致辞欢迎他的来宾。在介绍了来自世界各国的政要后，他说令他最高兴的是当初看守他的 3 名前狱方人员也能到场。他邀请他们站起身，以便他能介绍给大家。曼德拉博大的胸襟和宽宏的精神，让南非那些残酷虐待了他 27 年的白人汗颜，也让所有到场的人肃然起敬。看着年迈的曼德拉缓缓站起身来，恭敬地向 3 个曾关押他的看守致敬，在场的所有来宾以至整个世界，都静下来了。

曼德拉后来向朋友们解释说，自己年轻时性子很急，脾气暴躁，正是在狱中学会了控制情绪才活了下来。他的牢狱岁月给了他时间

与激励，使他学会了正确处理自己遭遇苦难的痛苦。他说，感恩与宽容经常是源自痛苦与磨难的，必须以极大的毅力来训练。曼德拉说起获释出狱当天的心情："当我走出囚室、迈过通往自由的监狱大门时，我已经清楚，自己若不能把悲痛与怨恨留在身后，那么我其实仍在狱中。"

•男孩应该懂得的道理•

有句俗语说的是"宰相肚里能撑船"，这表明要做一个成功人士，就必须具备宽容之心。但实际上，看似简单的两个字，要真正做到宽容又不是一件容易的事情。在这一点上，我们非常有必要学习曼德拉。

人人多一份宽容，生活中就会多一份理解，多一份真善，多一份珍重与美好，生活中的酸甜苦辣也将化作五彩的乐章，谱奏出动人的旋律。

 知识点链接

纳尔逊·曼德拉

纳尔逊·曼德拉是享誉全球的诺贝尔和平奖得主。为了推翻南非白人种族主义统治，他进行了长达50年（1944～1994年）艰苦卓绝的斗争，铁窗面壁28年（1962～1990年），最终，从阶下囚一跃成为南非第一任黑人总统，为新南非开创了一个民主统一的局面，被尊称为"南非国父"。2009年，联合国大会为表彰曼德拉对和平、文化与自由的贡献，宣告7月18日为"纳尔逊·曼德拉国际日"。

拥抱你的敌人

写作关键词
仇视 拥抱敌人
诅咒 祝福

一间小杂货店对面新开了一家大型的连锁商店,这家商店即将打垮杂货店的生意。杂货店的老板忧愁地找牧师诉苦。

牧师说:"如果你对这家连锁商店心存畏惧,你就会仇视它,仇恨便成了你真正的敌人。"

杂货商慌乱地问:"我该怎么办?"

牧师建议道:"每天早上站在商店门前祝福你的商店生意兴隆,然后转过身去,也同样地祝福那家连锁商店,当众拥抱你自己的敌人。"

杂货商气愤地说:"为什么要拥抱我的敌人?"

牧师说:"你的任何祝福都会变成福气回归于你。你所给的任何诅咒,也同样会将你自己导向失败。"

一段日子后,正如这人当初所担心的,他的商店关门了,但他却被聘请成了那家连锁店的经理人,而且收入比以前更好。

·男孩应该懂得的道理·

人生的路上总会有坎坷不平,而拥有一颗宽厚包容的心往往能够使自己渡过难关,使自己向新的起点迈进。

知识点链接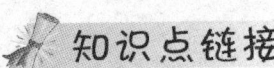

连锁商店

连锁商店，是指经营同类商品、使用统一商号的若干门店，如现在的各类连锁超市。商店实行统一进货，降低了经销成本，商品售价也较低，加之经营灵活、分布广泛，因而拥有广阔的市场。

宽容，用眼前微利换取长久的"财富"

有一次李嘉诚接到来自美国商人的订货单，可就在他完成订货后，美商却突然变卦不要了，他只好解除订单。按照合同，违约方必须做出巨额赔偿。可

写作关键词
设身处地 待人仁厚
斤斤计较

是，当美商试探地问李嘉诚需要多少赔偿金时，李嘉诚却说："生意场上的事，变化莫测，换了我也会发生这种事情。虽然你不要了，但我这批产品还未受到损失，所以不必赔偿了。中国有句话：'生意不成，情意在嘛。'"美商千恩万谢而去。

时间久了，李嘉诚也慢慢淡忘了这件事。两年后，美国来了另

一个商人，专找李嘉诚要买他的塑料花，一下子让他赚了一大笔。事成之后，李嘉诚问道："先生为什么专门要我的产品？"对方回答："我有一个生意上的朋友，经常谈到你，说你这个人不错，待人仁厚，不斤斤计较，可以打交道，所以我就找上门来喽。"李嘉诚这才恍然大悟，会意地笑了。

------- ·男孩应该懂得的道理· -------

宽容，虽然让李嘉诚失去了眼前的微利，却为他换来长久的"财富"及千金难买的口碑。想想看，这笔生意是否很划算呢？

我们看问题的角度也应该是这样的，着眼于眼前的微利，远不如着眼于未来。

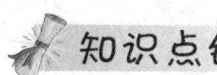知识点链接

李嘉诚

　　李嘉诚，现任长江实业集团有限公司董事局主席兼总经理。李嘉诚出生于广东潮州，12岁时为躲避日本侵略者的压迫，跟随家人逃难到香港。到香港3年后，李嘉诚的父亲病逝，身为长子的他为了养活家人，只好辍学走上社会谋生，找了一份茶楼跑堂的工作。李嘉诚还做过钟表店店员、五金厂推销员、塑料花厂工人，由于他勤奋好学、精明能干，不到20岁便升任塑料花厂的总经理。1950年，李嘉诚用省吃俭用积蓄的7000美元创办了自己的塑胶厂，他将它命名为"长江塑胶厂"（该厂为长江实业集团的前身），从此走上了创业致富之路。

　　2011年4月，据福布斯中文版杂志统计，李嘉诚以总资产260亿美元蝉联全球华人首富。

做个有完美性格的男孩

10 宽恕别人的同时，也是在善待自己

有一个老师，他很有创意，看到班上总是有打架骂人的事情发生，就想了一个法子。一天，他叫班上每个同学各带个大袋子到学校，他还在班上的角落里放置了很多石头，然后对学生们说："现在我们来做一个试验，你们每个人都有一个大袋子，咱们班还有现成的石头，不过都很小。我们大家从现在开始，给自己不愿意原谅的人选一块石头，再把石头丢到袋子里，这是我们这一周的作业。而且你们每天都要带着这个袋子来上学，下一周我们来看看会发生什么事情。"

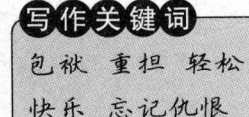

写作关键词
包袱 重担 轻松
快乐 忘记仇恨

学生们呢，第一天觉得还蛮好玩的，感觉谁惹自己不开心了，就在袋子里放上一个石头。放学时，袋子里已经有几块石头了；接下来的几天里，也是每天都有几块石头被放入袋子里；渐渐地，袋子沉了起来，虽然石头很小，但聚少成多，加起来的重量也是很压人的。于是，在上学的路上，就可以看见一些学生奋力地背着个大袋子在走路。久而久之，同学们对于这项试验越来越感到苦不堪言。

终于一周结束了，放学时，老师说："你们知道自己不肯原谅别人的结果吗？你不肯原谅的人愈多，压在肩膀上的这个担子就愈重，对这个重担要怎么办呢？"

停了几分钟，老师说道："很简单，把肩上的重担放下来就行了。"

•男孩应该懂得的道理•

康德曾经说过:"发怒,是用别人的错误来惩罚自己。"想想看,愤怒还击值得吗?教育家苏霍姆林斯基说得好:"有时宽容引起的道德震动比惩罚更强烈。"没错,如果我们学会了以德报怨,得饶人处且饶人,就会发现,宽恕了别人其实也是在善待自己。

 知识点链接

苏霍姆林斯基

苏霍姆林斯基,前苏联著名教育实践家和教育理论家,被人们称为"教育思想泰斗"。苏霍姆林斯基一生写下了41本教育专著,600多篇教育论文和1200多篇童话、故事和短篇小说。他的书被称为"活的教学"、"学校生活的百科全书",其中较著名的有:《给教师的建议》、《把整个心灵献给孩子》、《给女儿的信》、《我把心献给孩子》、《教育的艺术》等。

男孩宽容手册——如何做到宽容

1. 要懂得世界上根本就不存在完美的人。

任何人都会犯错误，包括自己在内。如果我们始终对自己或他人犯下的错误耿耿于怀，那么痛苦就会如影随形，折磨我们一生。但如果我们坦然接受这种不完美，那么快乐也就会随之而至。

2. 试着从对方的角度考虑问题。

如果能够做到从对方角度考虑问题的话，世界上就会减少很多的纷争。不同的人会有不同的看待问题的眼光和思维，要试着去理解。

3. 多与人接触，开阔自己的思维。

多与人打交道，会更加理解他人，也会更加理解宽容的深刻内涵。

第三章

懂得负责,男孩才能成大器

什么是责任?

责任就是分内应做的事情。也就是承担应当承担的任务,完成应当完成的使命,做好应当做好的工作。

美国历史上最伟大的总统林肯这样说过:"每个人应该有这样的信心:人所能负的责任,我必能负;人所不能负的责任,我亦能负。"英国首相丘吉尔也曾这样说过:"高尚、伟大的代价就是责任。"

● 自己的过错要自己承担。

解说语： 千万不要惧怕伴随错误而来的负面影响，一味地隐藏错误或为自己的错误寻找开脱的借口，这样做，错误就会制约你成功的步伐。事实上，勇敢地承认错误，你反会更快地获得成功。

● 让责任感成为一种习惯。

解说语： 花有果的责任，云有雨的责任，太阳有光明的责任。世上万事万物都有自己的责任。我们每个人，都应该承担起自己的那份责任，就像养成一种习惯。

● 永远不要忘记自己的使命。

解说语：责任是人格的基石，一个人想要在社会上立足，就应当把责任感融入自己的生活态度中，无论在学习上，还是在生活上，都要提醒自己做一个负责任的人。

● 男子汉的肩膀是用来扛大事的！

解说语：学会承担责任，是我们成长过程中必经的一个重要步骤，是人生旅途中非常重要的一堂课。肩膀能够扛起责任，也就真正扛起了自己的人生。

做个有完美性格的男孩

01 勇于承担责任，成就非凡人生

写作关键词
承认错误　承担责任

史蒂芬是个20多岁的美国小伙，几年前他在一家裁缝店学习做衣服，学成后来到堪萨斯州一个小城市开了一家自己的裁缝店。由于他干活认真，且价格又便宜，很快就声名远扬，许多人慕名而来找他做衣服。

有一天，风姿绰约的哈里斯太太让史蒂芬为她做一套晚礼服，打算参加宴会。史蒂芬做完的时候，突然发现袖子比所需尺寸做长了半寸。但是已经来不及改了，哈里斯太太快要来取这套晚礼服了。

哈里斯太太按时来到了史蒂芬的店中，她试穿了崭新的晚礼服，在镜子跟前照来照去，不住地称赞史蒂芬的手艺。哈里斯太太很满意，于是付钱给史蒂芬，没想到史蒂芬竟坚决拒绝收钱。哈里斯太太非常纳闷，史蒂芬解释说："哈里斯太太，我不能收您的钱，因为我不小心把晚礼服的袖子做长了半寸。为此我很抱歉，如果您能再给我一点时间，我非常愿意把它修改到您需要的尺寸。"

听了史蒂芬的话后，哈里斯太太仔细看了看袖子，发现确实长了半寸，但若不仔细看根本看不出来。于是她对史蒂芬说："年轻人，我对你做的晚礼服很满意，我不介意那半寸。"

但不管哈里斯太太怎么说，史蒂芬无论如何也不肯收她的钱，最后哈里斯太太只好不付钱就穿着新衣服去参加宴会了。在半路上，哈里斯太太对丈夫说："史蒂芬以后一定会出名的，他勇于承认错误,勇于承担责任,又有一丝不苟的工作态度,这样生意肯定会越做越大。"

哈里斯太太的话一点也没错。后来,史蒂芬果然成为了一位世界闻名的高级服装设计师。

・男孩应该懂得的道理・

自己的过错要自己承担,这是每个人的责任和义务。千万不要惧怕伴随错误而来的负面影响,一味地隐藏错误或为自己的错误寻找开脱的借口,这样做,错误就会制约你前进的步伐,减慢你成功的速度,降低你的行为质量。

事实上,很多时候,如果你能勇敢地承认错误,那么你将永远不会为错误所累,反会更快地获得成功。

 知识点链接

晚礼服

晚礼服是晚上20:00以后穿用的正式礼服,是女士礼服中最高档次、最具特色、充分展示个性的礼服样式,又称夜礼服、晚宴服、舞会服。晚礼服常与披肩、外套、斗篷之类的衣服相配,与华美的装饰手套等共同构成整体装束效果。

做个有完美性格的男孩

02 所有细节，都是用责任雕琢的美丽花纹

一位名叫吉埃丝的美国记者，有一天来到日本东京，她在奥达克余百货公司买了1台唱机，准备送给住在东京的婆婆家作为见面礼。售货员彬彬有礼、笑容可掬地特地挑了1台尚未启封的机子给她。然而回到住处，她拆开包装试用时，才发现机子没装内件，根本无法使用。吉埃丝火冒三丈，准备第二天一早即去百货公司交涉，并迅速写了一篇新闻稿《笑脸背后的真面目》。

写作关键词

责任 细节 成败

第二天一早，一辆汽车赶到她的住处，从车上下来的是奥达克余百货公司的总经理和拎着大皮箱的职员。他俩一走进客厅就俯首鞠躬、连连道歉，吉埃丝搞不清楚百货公司是如何找到她的。那位职员打开记事簿，讲述了大致的经过。原来，昨日下午清点商品时，发现将一个空心的货样卖给了一位顾客，此事非同小可，总经理马上召集有关人员商议。

当时只有两条线索可循，即顾客的名字和她留下的一张美国快递公司的名片。据此百货公司展开了一场无异于大海捞针的行动。打了32次紧急电话，向东京的各大宾馆查询，没有结果。于是，打电话到美国快递公司的总部，深夜接到回电，得知顾客在美国父母的电话号码，接着，打电话到美国，得到顾客在东京的婆家的电话号码,终于找到了顾客的落脚地。这期间共打了 35 个紧急电话。职员说完,总经理将 1 台完好的唱机外加唱片 1 张、蛋糕 1 盒奉上,并再次表示歉意后离去。吉埃丝的感动之情可想而知,她立即重写了新闻稿,题目就是《35 个紧急电话》。

----------·男孩应该懂得的道理·----------

从《笑脸背后的真面目》的批评稿,到《35 个紧急电话》的表扬稿,责任起到了关键的作用。成败决定于细节,而所有的细节,都是用责任雕琢的美丽花纹。

 知识点链接

快递公司

目前我国快递企业分为四类:第一类是外资快递企业,包括联邦快递(FEDEX)、敦豪(DHL)、天地快运(TNT)、联合包裹(UPS)、高保物流(GLEX)等,外资快递企业具有丰富的经验、雄厚的资金以及发达的全球网络;第二类是国有快递企业,包括中国邮政(EMS)、民航快递(CAE)、中铁快运(CRE)等,国有快递企业依靠其背景优势和完善的国内网络而在国内快递市场处于领先地位;第三类是大型民营快递企业,包括顺丰速运、宅急送、申通快递、韵达快递等,大型民营快递企业在局部市场站稳脚跟后,已逐步向全国扩张;第四类是小型民营快递企业,这类企业规模小,其主要经营特定区域的同城快递和省内快递业务。

做个有完美性格的男孩

肩膀扛起责任，
也就扛起了自己的人生

1920年的一天，美国一位12岁的小男孩正与他的小伙伴玩足球，一不小心，小男孩将足球踢到了临近一户人家的窗户上，一块玻璃被击碎了。

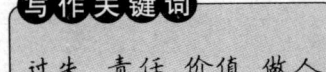

写作关键词

过失　责任　价值　做人

一位老人立即从屋里跑出来，勃然大怒，大声责问是谁干的，伙伴们纷纷逃跑了，小男孩走到老人面前，低着头向老人认错，并请求老人宽恕。然而老人却十分固执，小男孩委屈得哭了，最后老人同意小男孩回家拿钱赔偿。

回到家，闯了祸的小男孩怯生生地将事情的经过告诉了父亲。父亲并没有因为其年龄还小而开恩，板着脸沉思着一言不发。坐在一旁的母亲则为儿子说情，开导父亲。过了不知多久，父亲才冷冰冰地说道："家里虽然有钱，但是他闯的祸，就应该由他对自己的过失行为负责。"停了一下，父亲还是掏出了钱，严肃地对小男孩说："这15美元我暂时借给你赔人家，不过，你必须想办法还给我。"小男孩从父亲手中接过钱，飞快跑去赔给了老人。

从此，小男孩一边刻苦读书，一边用空闲时间打工挣钱还父亲。由于人小，不能干重活，他就到餐馆帮别人洗盘子刷碗，有时还捡破烂。经过几个月的努力，他终于挣到了15美元，并自豪地交给了他的父亲。父亲欣然拍着他的肩膀说："一个能为自己过失行为负责的人，将来一定是有出息的。"

许多年以后，这个男孩成为了美利坚合众国的总统，他就是里根，后来，里根在回忆往事时，深有感触地说：那一次闯祸之后，我懂得了做人的责任。

·男孩应该懂得的道理·

小男孩里根之所以成为总统里根，"责任"二字起了很大的作用。这个故事同时也告诉我们男孩这样一个道理：肩膀能够扛起责任，也就真正扛起了自己的人生。

知识点链接

里根

里根，美国政治家，第40任美国总统，是美国历任总统中就职年龄最大的总统，是唯一一个遭到刺客以子弹击中而得以存活的美国总统。里根也是美国历任总统中唯一一位演员出身的总统，在踏入政坛前，他担任过电影演员、电视节目演员，并且是美国影视演员协会的领导人。

里根还是一位伟大的演讲家，他的演说风格高明而极具说服力，被媒体誉为"伟大的沟通者"。里根的总统任期影响了美国1980年代的文化，因此80年代的美国常被称为"里根时代"。

做个有完美性格的男孩

04 永远不要忘记你的使命

美国独立企业联盟主席杰克·法里斯曾讲述了他少年时的一段经历。

写作关键词

责任 人格 人生基石

在杰克·法里斯13岁时,他开始在他父母的加油站工作。那个加油站里有3个加油泵、两条修车地沟和一间打蜡房。法里斯想学修车,但他父亲让他在前台接待顾客。

当有汽车开进来时,法里斯必须在车子停稳前就站在车门前,然后忙着去检查油量、蓄电池、传动带、胶皮管和水箱。法里斯注意到,如果他干得好的话,顾客大多还会再来。于是,法里斯总是多干一些,帮助顾客擦去车身、挡风玻璃和车灯上的污渍。

有段时间,每周都有一位老太太开着她的车来清洗和打蜡,这个车的车内地板凹陷极深,很难打扫。而且,这位老太太很难打交道,每次当法里斯给她把车准备好时,她都要再仔细检查一遍,让法里斯重新打扫。

终于,有一次,法里斯实在忍受不了了,他不愿意再侍候她了。法里斯用企求的目光看着父亲,希望父亲能过来帮助。法里斯回忆道,他的父亲告诫他说:"孩子,努力,独立完成工作!不管顾客说什么或做什么,你都要记住你的工作。"

父亲的话让法里斯深受震动,法里斯说道:"正是在加油站的工作使我学到了严格的职业道德和独立完成工作的精神,这些东西在我以后的人生经历中起到了非常重要的作用。"

• 男孩应该懂得的道理 •

责任是人格的基石,一个人想要在社会上立足,就应当把责任感融入到自己的生活态度中,无论在学习上,还是在生活中,都要提醒自己做一个负责任的人。

 知识点链接

中东地区为什么盛产石油

中东地区以盛产石油闻名,产量约占全世界的四分之一,素有"世界油库"之称。那这块地方为什么有如此丰富的石油储量呢?大约一亿多年前,中东地区有相当多的动植物,这些生物死亡后,便随着大量的泥沙埋藏于地下。随着时间的推移,埋藏着的生物有机质,在高温、高压和细菌的生物化学及物理作用下,形成碳氢化合物。中生代之后,地壳运动使得中东地区形成褶皱与穹窿(四周低垂而中间隆起),油气在侧向压力的作用下,向穹窿处聚集,于是便形成了今天的大油田。

灾难,只缘于错了一点点

在巴西海顺远洋运输公司的门前,立着一块高5米、宽2米的石头,上面用葡萄牙文密密麻麻地刻着发生于40年前的一个事故:

写作关键词
小错 细节 船毁人亡
大错 尽忠职守

当巴西海顺远洋运输公司派出的救援船到达出事地点时,"环大西洋"号海轮消失了,21名船员不见了,海面上只有一个救生电台有节奏地发着求救的摩斯码。救援人员看着平静的大海发呆,谁也想不明白,在这个海况极好的地方,到底发生了什么,从而导致这条最先进的船沉没。这时,有人发现电台下面绑着一个密封的瓶子,里面有一张纸条,不同笔迹,上面这样写着:

一水理查德:3月21日,我在奥克兰港私自买了一个台灯,想给妻子写信时照明用。

二副瑟曼:我看见理查德拿着台灯回船,说了句这个台灯底座轻,船晃时别让它倒下来,但没有干涉。

三副帕蒂:3月21日下午船离港,我发现救生筏施放器有问题,就将救生筏绑在架子上。

二水戴维斯:离港检查时,发现水手区的闭门器损坏,用铁丝将门绑牢。

二管轮安特耳:我检查消防设施时,发现水手区的消防栓锈蚀,心想还有几天就到码头了,到时候再换。

船长麦凯姆:起航时,工作繁忙,没有看甲板部和轮机部的安全报告。

机匠丹尼尔:3月23日上午理查德和苏勒的房间消防探头连续报警。我和瓦尔特进去后,未发现火苗,判定探头误报警,拆掉交给惠特曼,要求换新的。

大管轮惠特曼:我说正忙着,等一会儿拿给你们。

服务生斯科尼:3月23日13时到理查德房间找他,他不在,坐了一会儿,随手开了他的台灯。

大副克姆普:3月23日13时半,带苏勒和罗伯特进行安全巡视,没有进理查德和苏勒的房间,说了句:"你们的房间自己进去看看"。

一水苏勒:我笑了笑,也没有进房间,跟在克姆普后面。

一水罗伯特：我也没有进房间，跟在苏勒后面。

机电长科恩：3月23日14时，我发现跳闸了，因为这是以前也出现过的现象，没多想，就将闸合上，没有查明原因。

三管轮马辛：感到空气不好，先打电话到厨房，证明没有问题后，又让机舱打开通风阀。

大厨史若：我接马辛电话时，开玩笑说，我们这里有什么问题？你还不来帮我们做饭？然后问乌苏拉："我们这里都安全吧？"

二厨乌苏拉：我回答，我也感觉空气不好，但觉得我们这时很安全，就继续做饭。

机匠努波：我接到马辛电话后，打开通风阀。

管事戴思蒙：14时半，我召集所有不在岗的人到厨房帮忙做饭，晚上会餐。

医生莫里斯：我没有巡诊。

电工荷尔因：晚上我值班时跑进了餐厅。

最后是船长麦凯姆写的话：19时半发现火情时，理查德和苏勒的房间已经烧穿，一切糟糕透了，我们没有办法控制火情，而且火越烧越大，直到整条船上都是火。我们每个人都只犯了一点点错误，但却酿成了船毁人亡的大错。

看完这张绝笔纸条，救援人员谁也没有说话，海面上死一样的寂静，大家仿佛清晰地看到了整个事故的过程。

·男孩应该懂得的道理·

每个人都只错了一点点，就可以酿成船毁人亡的大祸，反过来只要每个人都尽忠职守，一丝不苟地做好所在岗位的工作，避免不该犯的错误，这种灾难性的后果就不会发生。

责任无论是对一个国家、一个单位、一个部门，还是每一位普通人，都是非常重要的。履行属于自己的责任，是我们每个人必须要做到的。

做个有完美性格的男孩

知识点链接

巴西

巴西是拉丁美洲最大的国家,人口数居世界第五,国土面积也居世界第五。巴西拥有辽阔的农田和广袤的雨林,其境内的亚马逊平原为世界上最大的平原,亚马逊河是世界上水量最大的河流。巴西素有"咖啡王国"之称,咖啡产量占世界总产量的百分之七十五以上。巴西还有"足球王国"的美誉,其男女国家队在世界大赛中均取得了不俗的成绩。

言而有信,对自己的言语负责

查尔斯·詹姆斯·福克斯是英国著名政治家,他以"言而有信"获得了政界较高的赞誉。

> **写作关键词**
> 言而有信 借口
> 不负责任

当福克斯还是一个孩子时,有一次,他父亲打算把花园里的小亭子拆掉,再另行建造一座大一点的亭子。小福克斯对拆亭子这件事情非常好奇,想亲眼看看工人们是怎样将亭子拆掉的,他要求父亲拆亭子的时候一定要叫他。小福克斯刚巧要离家几天,他再三央求父亲等他回来后再拆亭子,福克斯父亲敷衍地说了一句:"好吧!等你回来再拆亭子。"

过了几天,等小福克斯回到家中,却发现旧亭子早已被拆掉了,小福克斯心里很难过。吃早饭的时候,小福克斯小声地对父亲说:"你说话不算数!"父亲听了觉得很奇怪,说:"不算数?什么不算数?"原来父亲早已把自己几天前说过的话忘得一干二净。老福克斯听到儿子的话后,前思后想,决定向儿子认错。他认真地对小福克斯说:"爸爸错了!我应该对自己说过的话负责!"

于是,老福克斯再次找来工人,让工人们在旧亭子的位置上,重新盖起一座和旧亭子一模一样的亭子,然后当着小福克斯的面,把"旧亭子"拆掉,让小福克斯看看工人们是怎样拆亭子的。

后来,老福克斯总是说:"言而有信,对自己的言语负责,这一点比万贯家财来得更为珍贵!"

• 男孩应该懂得的道理 •

有的人常常会为自己说出的话、做过的事开脱,找各种各样的借口撇清属于自己的责任,其实这是一种不负责任的表现。福克斯父亲为自己的言语负责的行为值得我们学习,一个敢于承担自己责任的人,一定是能取得大成就的人。

知识点链接

中国四大名亭

醉翁亭:坐落在安徽滁州市西南琅琊山麓,宋代大散文家欧阳修写的传世之作《醉翁亭记》写的就是此亭。

陶然亭:位于北京市南二环陶然桥西北侧。这座小亭颇受文人墨客的青睐,被全国各地来京的文人视为必游之地。

爱晚亭:位于湖南长沙岳麓书院后青枫峡的小山上。爱晚亭,取唐代诗人杜牧《山行》"停车坐爱枫林晚,霜叶红于二月花"之诗意。

湖心亭:位于浙江杭州西湖中央,在西湖十八景中称为"湖心平眺"。

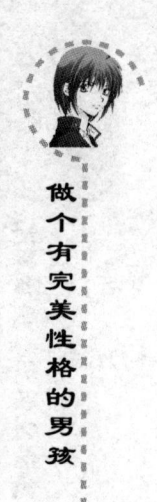

做个有完美性格的男孩

要赢得尊重，就必须承担起自己的责任

詹姆斯·伍兹是美国的著名演员，曾先后获得金球奖和埃米金像奖。他主演的电影有《迫在眉睫》、《密西西比谋杀案》、《西点揭秘》、《挑战星期天》等。

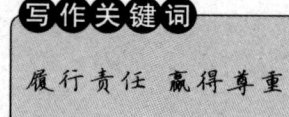

写作关键词

履行责任 赢得尊重

詹姆斯·伍兹始终认为自己如今的成功，是父亲模范地履行自己的责任对他影响的结果。

在詹姆斯9岁的时候，父亲做了心脏手术，因血型配得不对，产生了输血反应。在最后的5天里，他已意识到自己将不久于人世，他在去世的那一天打电话给詹姆斯才3岁的弟弟，对他说他已经去世了，去了天堂。他说："上帝让我打电话给你，跟你说声再见。你不要害怕，也不要难过，因为我很好，我是想让你知道我也想你。"

父亲没有打电话给詹姆斯，而是写了封信。在信中对他说，他为他在学校里的成绩骄傲，他说希望有一天詹姆斯会考上麻省理工学院。后来，詹姆斯果真上了麻省理工学院。父亲还对詹姆斯说，他相信他无论做什么，只要尽力肯定都会成功的。

詹姆斯的母亲和父亲只为一件事情真正争吵过，这事涉及钱。父亲是想要为他们已经抵押出去的住房买份保险。他对母亲说："这笔投资是省不得的。要是我有什么不测，你和孩子就能保住这幢房子。"

可母亲反对说："我们没有钱买这份保险。" 6 个月后，父亲去世了，母亲想，这下他们要被扫地出门了。但在 3 星期后，保险公司的理赔员带来了一张支票，这笔钱正好是他们所欠的房款。原来，父亲在去世前自己设法偷偷省着钱，买了抵押保险，一直在缴付保险费，现在他安静地躺在墓地里，却还在关怀和照料着他们。

詹姆斯时常想起父亲说的那句话：一个男人，要赢得尊重，就必须承担起自己的责任。他父亲用他的一生对这句话做了最好的解释，而这句话也成了他的人生准则。

-------·男孩应该懂得的道理·-------

"一个男人，要赢得尊重，就必须承担起自己的责任。"这句话，每个男子汉都应认真思考并记在心中。

知识点链接

电影金球奖

电影金球奖始于 1943 年，是美国影视界最重要的奖项之一。金球奖共设有 24 个奖项，被提名者名单通常是在圣诞节前公布。作为每年第一个颁发的影视奖项，金球奖被许多人看作是奥斯卡奖的风向标，近十几年来二者结果的对比也很好地证明了这一点。

做个有完美性格的男孩

男子汉的肩头，是用来承担责任的

在冰岛的一个渔村里，因经常发生渔民海难事故，于是村长召集村民商议成立渔村抢险队。这一提议得到全村渔民的一致通过，于是他们把村里最好的一只船作为抢险船，把村里最健壮的青年编入抢险队。毫无疑问成立抢险队的目的，是为了落难的村民和对生命负责任。

写作关键词
承担责任 成长过程
人生旅途

17岁的青年凯勒是抢险队的队员。一天，负责海上情况瞭望的人员突然向村里发出了海上出现险情的预报，村长兼抢险队队长马上组织好人员，驾船迅速冲进了惊涛骇浪骤起的大海。这次，由于人员所限，凯勒没有出海。此时，全村的人都聚集到了海边，他们在为遇险的人、抢险的人们祈祷。一个小时过去了，人们的心都跳到了嗓子眼上，但眼前除了翻滚的海浪外，什么都没有。两个小时又过去了，依然看不见抢险船上的灯光。就在人们的心几乎到了无法承受的时候，远处终于出现了抢险船的灯光。

当船靠岸的时候，队长宣布了一个不好的消息，因为船的重量有限，还有一名遇难者仍在海中，必须组织第二次抢险。由于时间紧迫，说完他第一个又跳上了船。这时凯勒也冲了上去，但被他的母亲拽住了，她对凯勒说："孩子，十几年前，你的父亲在海上遇难了，几个星期前，你哥哥出海了，到现在还没有音信，我身边只有你了，如果你再有个好歹，我如何活下去啊。"母亲的话，母亲的心情，此时，凯勒是清楚的，也是理解的，但他还是对母亲说："妈妈，因为我是抢险队员，抢救遇难者是我的责任啊，如果这时大家都不去，我们对得起那些翘首以盼的遇难者，对得起我们应负的责任吗？妈妈，原谅我，我必须去。"说完，他深情地喊了一下母亲，第二个跳上了船。

当第二批抢险队出发的时候，所有的村民都没有离开，当人们在煎熬中期盼了两个小时以后，他们看见了返航的抢险船，站在码头的凯勒用手做成喇叭状向岸上的人群喊道："最后一名遇险者已经被救起了，他就是我的哥哥杜利。"这时，人群沸腾了，他们是为最后一个得到解救的遇险者，更是为凯勒崇高的责任心。

- 男孩应该懂得的道理 -

学会承担责任，是我们成长过程中必经的一个重要步骤，是人生旅途中非常重要的一堂课。因为只有做一个有责任心的人，才能成为真正的男子汉，由此才能成为自己命运的主宰。

知识点链接

海难

海难，指船舶在海上遭遇自然灾害或其他意外事故所造成的危难。

世界海难史上，丧生人数最多的是1948年中国的"江亚轮"海难，死亡超过3000人，是世界最大海难。经济损失最大，后果最为严重的是1978年美国油船"阿马柯·卡迪兹"号在法国西北部沿海搁浅遇难，22万多吨石油流散，造成海洋大面积污染，被判赔款达8亿美元。

男孩责任手册——如何成为负责任的人

1. 从小事做起。

要培养自己强烈的责任感就不应该忽视日常生活中的小事,小事往往会对责任心的培养发挥巨大的作用。

2. 自己的事情自己做。

自己的事情一定要自己做,千万不要再期望父母来帮助。总有一天我们要走入社会,何不及早锻炼自己呢?

3. 学会关心他人。

关心他人也有助于责任心的培养,我们要从关心自己的父母、亲人和家庭开始,在家庭生活的磨炼中培养责任心,进而上升为对家庭、对父母以及对社会负责。

此外,我们还可以有意识地帮助孤寡老人、残疾人,参加居民区的卫生、绿化劳动,在学校做好值日工作等等。在这些有意义的活动和实际锻炼中,我们会逐渐感受到自我存在的社会价值,进而不断增强自己的社会责任感。

4. 要履行承诺。

要从小就做言而有信的人,一旦许下诺言,就要尽力去履行。这既是对别人负责,同时也是对自己负责。

第四章

自控力，让男孩更快成熟

自控力，即自我控制的能力。

一个具备自控能力的人，善于把握自己，无论何时何地都明确自己应该做什么。而一个没有自控力或缺乏自控力的人，往往想到哪里做到哪里，最终贻害一生。

美国作家丹尼尔·戈尔曼曾这样说过："成功是一个自我实现的过程，如果你控制了情绪，便控制了人生，认识了自我，就成功了一半。"

做个有完美性格的男孩

● 控制住自己的坏脾气，乱发脾气既害人又害己。

解说语：人在生气的时候，说的话，做的事，会伤害别人，也会伤害自己。生气易使人失去理智，唯有冷静地面对一切，我们才能既不伤害别人，同时又更好地保护了自己。

● 不冲动，时刻保持头脑清醒，头脑清醒比勇气更重要。

解说语：巴顿将军有一句名言："头脑清楚有时比勇气更重要。"只有理智之人才能成就大事。这句话一点也不夸张，因为古语有云，事业常成于坚忍，毁于急躁。只有理智的人才会坚忍，而冲动之人常会急躁。

● 认认真真做事，踏踏实实做人，心浮气躁，注定一事无成。

解说语：世上的所有人都不可能一口吃成个胖子，知识需要积累，能力需要培养，成绩需要等待……认认真真，踏踏实实才是成事之道。急功近利，心浮气躁，注定一事无成。

● 把握住了自己，就等于把握了人生。

解说语：茫茫人海之中，有人总能得到命运女神的垂青，有人却时常感叹命运不济……并不是命运女神对你不公，而是你还没有发现把握机遇的规律：能管住自己的男孩总能抗拒诱惑，好好保护自己，不会走弯路……这样的男孩才能真正把握机遇，走向成功。

做个有完美性格的男孩

01 控制不住坏脾气，害人又害己

一个男孩有着很坏的脾气，于是他的父亲就给了他一袋钉子，并且告诉他，每当他发脾气的时候就钉一根钉子在后院的围篱上。

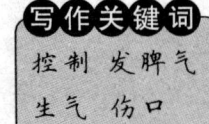

写作关键词
控制 发脾气
生气 伤口

第一天，这个男孩钉下了37根钉子。后面的几天他学会了控制自己的脾气，每天钉的钉子也逐渐减少了。他发现，控制自己的脾气要比钉下那些钉子来得容易些。

终于有一天，这个男孩再也不会失去耐性，乱发脾气。这时，父亲告诉他，现在开始每当他能控制自己的脾气的时候，就拔出一根钉子。

日子一天一天过去，最后，钉子全被拔光了。男孩高兴地把这件事告诉了父亲。

父亲拉着他的手来到后院说：你做得很好，我的好孩子。但是看看那些围篱上的洞，这些围篱将永远不能恢复成从前的样子。你生气的时候说的话将像这些钉子一样会留下疤痕。如果你拿刀子捅别人一刀，不管你说了多少次对不起，那个伤口将永远存在。话语的伤痛就像真实的伤痛一样令人无法承受。

• 男孩应该懂得的道理 •

人在生气的时候，说的话，做的事，会伤害别人，也会伤害自己。如果我们有了自控力，就会远离那些伤害别人也伤害自己的事情。

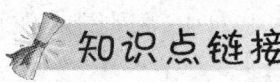
知识点链接

为什么体育场上要穿钉子鞋

在体育比赛时，参加跑步、跳高、跳远等项目的运动员为何要穿钉子鞋呢？

体育比赛是力量、速度、耐力等人体综合条件的较量。如果穿上钉子鞋跑步，在蹬地时钉子就会扎进跑道，等抬腿迈步时，钉子又能很容易地拔出来。这样，运动员脚踏地时不再打滑，借助蹬地的反作用力可以蓄积更大的力量，很容易跑得更快或跳得更远。而普通鞋鞋底的摩擦力较小，容易打滑，更重要的是蹬地的力量小，与钉子鞋相比，它的作用是不够的。

浮躁的人不会抵达远大的目标

1965年9月7日，世界台球冠军争夺赛在美国纽约举行。路易斯·福克斯的得分一路遥遥领先，只要再得几分便可稳拿冠军了。就在最后一场决赛开始不久，他发现一只苍蝇落在主球上，于是挥杆将苍蝇赶走了。可是，当他俯身准备击球的时候，那只苍蝇又飞了回来。

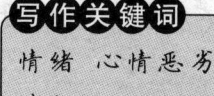

写作关键词
情绪 心情恶劣
愤怒

在观众的笑声中，他再一次扬起手赶走了苍蝇。他的情绪已经被这只讨厌的小动物破坏了，而且更为糟糕的是，它好像是有意跟

他作对，等他一回到球台，苍蝇就又飞落到主球上，引得周围的观众哈哈大笑。路易斯·福克斯的心境恶劣到了极点，终于失去理智，愤怒地用球杆去击打苍蝇。不幸球杆碰动了主球，裁判判他击球，因此他失去了一轮机会。路易斯·福克斯方寸大乱，接着连连失利，而他的对手约翰·迪瑞则愈战愈勇，一步步赶上并超过了他，最后夺走了冠军金牌。

第二天清早，人们在河里发现了路易斯·福克斯的尸体，他因无法接受这样的结果而投河自杀了！

·男孩应该懂得的道理·

一只小小的苍蝇，竟然击倒了所向无敌的世界冠军。这是一件不该发生的事情，也是一件不可思议的事情，更是一件令人遗憾的事情。试想，如果路易斯·福克斯对那只苍蝇置之不理，如果对观众的笑声报以西方式的耸耸肩、或者微笑一下，调节调节心理和情绪，他还能落得如此的惨境吗？福克斯最终输掉了比赛，事实上不是输给了约翰·迪瑞，而是输给了自己。确切地说，是输给了自己心中的那只"苍蝇"——浮躁。

在我们通往人生目的地的路途中，一定有很多影响我们的"苍蝇"，记住自己要做什么，不要在乎这些身外的干扰，如此我们才不至于因小而失大。

 知识点链接

台球

台球起源于英国，也叫桌球（港澳的叫法）、撞球（台湾的叫法）。

台球流行于世界各国，从不同的角度有不同的分类方法。如：按有无袋口分，可分为落袋台球、开伦台球；按国度分，可分为法式台球、英式台球、美式台球、中式斯诺克台球。

任何情况下,都要坚守自己的原则

一个美国商人,他经常到中国做生意。有一次,一笔生意成交以后,中方宴请他。中方听说这个美国商人十分喜欢吃虹鳟鱼,席上,主人特意请名厨做了一道名菜:清炖虹鳟鱼。

写作关键词
遵守法律 自制力
强而有力

这道菜上来以后,美国商人眼睛一亮,看得出,商人真的很喜爱这道菜。奇怪的是,商人夹了一块鱼肉以后,还没有送到嘴里就又送了回去,放下筷子不吃了。

主人忙问其故,商人说,这是一条有卵的虹鳟鱼,美国法律规定,要保护生态环境,不能吃有卵的母鱼。主人连忙说,这是在中国,不是美国,中国并没有这样的法律。美国商人说,我是美国人,走到哪儿,都要遵守美国的法律。

主人很尴尬,再次劝美国商人说,即使是这样,这条虹鳟鱼已经烧熟了,不吃浪费了岂不可惜!美国商人却说,即使浪费了,我也不能吃。美国商人自始至终都没有碰这条虹鳟鱼。

-------- · **男孩应该懂得的道理** · --------

虹鳟鱼的味道很美,美国商人却始终不下箸,这一点正是我们需要学习的。

一个要想有所成就的人,如果缺乏自制力,就等于失去了方向

盘和制动的汽车，必然会"越轨"或"出格"，甚至"撞车"、"翻车"，而一个有自制力的人，哪怕是对自己的一点小的克制，也会使他变得强而有力，不容易被人打倒，从而获得成功。

 知识点链接

虹鳟鱼

虹鳟鱼，又称为瀑布鱼、七色鱼，有"水中人参"之美誉，原产于北美洲太平洋沿岸、美国加州山涧中，喜栖于清澈无污染的冷水中，以食鱼虾为主。虹鳟鱼鱼身非常优美匀称，上面布满小黑斑，体侧有一红色带，如同彩虹，因此得名"虹鳟"。

控制自己的情绪

某个政党有位刚刚崭露头角的候选人，被人引荐到一位资深的政界要人那里，希望这位政界要人能告诉他一些政治上取得成功的经验，以及如何获得选票。

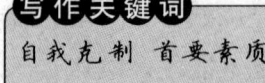

写作关键词
自我克制 首要素质
脾气

这位政界要人却提出了一个条件，他说："你每次打断我的说话，就得付5美元。"

候选人说："好的，没问题。"

"那什么时候开始？"政客问道。

"现在，马上可以开始。"

"很好。第一条是，对你听到的对自己的诋毁或者污蔑，一定不要感到愤怒。随时都要注意这一点。""噢，我能做到。不管人们说我什么，我都不会生气。我对别人的话毫不在意。"

"很好。这是我经验的第一条。但是，坦白地说，我是不愿意你这样一个不道德的流氓当选的……"

"先生，你怎么能……"

"请付5美元。"

"哦！啊！这只是一个教训，对不对？"

"哦，是的，这是一个教训。但是，实际上也是我的看法……"资深政客轻蔑地说。

"你怎么能这么说……"新人似乎要发怒了。

"请付5美元。"

"哦！啊！"他气急败坏地说，"这又是一个教训。你的10美元赚得也太容易了。"

"没错，10美元。你是否先付清钱，然后我们再继续谈？因为，谁都知道，你有不讲信用和喜欢赖账的'美名'……"

"你这个可恶的家伙！"

"请付5美元"

"啊！又一个教训。噢，我最好试着控制自己的脾气。"

"好，收回前面的话。当然，我的意思并不是这样，我认为你是一个值得尊敬的人物，因为考虑到你低贱的家庭出身，又有一个声名狼藉的父亲……"

"你才是个声名狼藉的恶棍！"

"请付5美元。"

这是这个年轻人学会自我克制的第一课，他为此付出了高昂的学费。

然后,那个政界要人说:"现在,就不是5美元的问题了。你要记住,你每发一次火或者对自己所受到的侮辱而生气时,至少会因此而失去一张选票。对你来说,选票可比银行的钞票值钱得多。"

・男孩应该懂得的道理・

学会自我克制,是每个男孩所必备的首要素质。要知道,你每发一次火,都将会受到一次损伤。

 知识点链接

候选人

候选人,选举国家权力机关代表或公职人员时先提出供选举人选举的人员。西方国家对议员、总统和副总统的候选人有国籍、年龄、财产、居住期限、教育程度、种族、民族和性别等方面的限制。

美好人生必以自我控制为基础

美国石油大亨保罗·盖迪曾经是个烟鬼,每天要抽几十根烟。有一天,他夜宿在一个小城中的旅馆里,深夜里突然想抽根烟,却发现烟盒空了。这时旅馆的小卖部早就关门了,他想要抽到烟就必须换好衣服走挺远的路去镇上的

写作关键词
自制力 烟瘾 成功

火车站买。

外面下着滂沱大雨,保罗的烟瘾却磨得他实在难受。他不得不换好衣服拿上雨伞准备出门。当他打开门看到倾盆大雨时,突然心中仿佛敲了一个警钟:

"我这是在做什么?竟然打算三更半夜走上大半个小时的路就为了抽一根烟?我平时是个成功的商人,管理着几千人的大公司,我常常要求他们具备自制力,那么我自己呢?一根烟就让我痴迷得做出这样疯狂的举动来,我还怎么算得上一个强者?"

保罗思考了半晌,关上门走回房间,换回睡衣以一种解脱的姿态睡在了床上,突然他有一种自由和解脱的感觉。原来只要他下决心,只要他具备足够的自制力,就没有什么事情或事物能够绑架他的行为。他突然觉得这样才算是一个真正的强者。

·男孩应该懂得的道理·

只要下定决心,只要具备足够的自制力,就没有什么事情或事物能够绑架我们的行为,阻止我们朝着成功迈进。

 知识点链接

保罗·盖迪

保罗·盖迪1982年出生于美国明尼苏达州的一个富有的家庭,且是家中唯一的孩子,他的父亲原是一名律师,后来开了一家保险公司。保罗·盖迪遗传了父亲的商业基因,颇具商业头脑,再加上自身的冒险精神和精准的眼力,使得他在从事的石油事业上顺风顺水,24岁就成了百万富翁。

1957年,保罗·盖迪以10亿美元的资产被《财富》杂志评为世界首富。此后,他连续20年保持美国首富地位。

06 控制冲动、保持理智是一种大智慧

1754年，在弗吉尼亚州议员的选举中，时任上校军官的华盛顿因为和威廉·佩恩支持的候选人不同而产生了矛盾。有一天，他们两人碰面后即展开唇枪舌剑，情急之中，华盛顿说了一些过头话冒犯了佩恩。佩恩觉得自己受了侮辱，顿时火冒三丈，一拳将华盛顿击倒在地。就在华盛顿的部下围上来要教训佩恩时，华盛顿忽然清醒过来，劝阻部下一起返回了营地。

写作关键词
伤害 挽回 冲动 弥补

第二天，华盛顿派部下给佩恩送去一张便条，约他到一家酒馆见面，解决昨天的事情。佩恩看了便条大吃一惊，以为华盛顿要和他进行生死决斗，但为了怕留下胆小鬼的名声，便在做好了决斗准备后，按时去酒馆赴约。

佩恩赶到酒馆时，一见华盛顿就傻眼了，华盛顿没带一兵一卒，也没带决斗的长剑或手枪，而是一副绅士装扮，见佩恩进来便迎上前去握手，并真诚地说："佩恩先生，人不是上帝，不可能不犯错。昨天的事是我对不起你，不该说那些伤害你的话。不过，你已经采取了挽回自己面子的行动，也可以说我已经为我的错误受到了惩罚。如果你认为可以的话，我们把昨天的不愉快统统忘掉，在此碰杯握手，做个朋友好吗？"

佩恩听了万分感动，他紧紧握着华盛顿的手，热泪盈眶地说：

"华盛顿先生,你是个高尚的人。如果你成了伟人,我将是你永久的追随者和崇拜者。"一对完全有可能成为仇敌的人做了朋友。同时,佩恩也说对了,后来华盛顿果然成了美国人民崇敬的伟人,佩恩也至死都跟随着华盛顿。

·男孩应该懂得的道理·

人在冲动的时候,很容易对人说出些伤害的话、做出些伤害的举动,然而,并不是所有言语的伤害都能够挽回,并不是所有冲动的行事都可以弥补,这时我们心里堆积的可能就是满满的愧疚和后悔。所以才有了俗话所说的:"冲动是永远也吃不完的后悔药。"记住这样一句话:千万不要让魔鬼侵蚀了你的心灵。

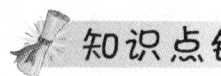

知识点链接

威廉·佩恩

威廉·佩恩是北美殖民地时期的一位重要政治家、活动家,出生于英国伦敦一个显赫的家庭,父亲是著名的皇家海军上将,曾从西班牙手中夺取了牙买加。

在威廉·佩恩37岁那年,发生了一件使他扬名后世的事。为了偿还拖欠佩恩家16000英镑的巨额皇家债务,英国国王查理二世将一块如同英格兰大小的土地赐给了威廉·佩恩。威廉·佩恩得到这块肥沃的土地后,积极地构思殖民方案,他希望这里能成为一切遭受迫害人士的避风港和远离专制的避难所。在威廉·佩恩的努力下,他的梦想实现了,这块土地被建设成为日后被誉为"美国的摇篮"的宾夕法尼亚州,而该州的州名的含义是"佩恩的林地"。

07 头脑清楚有时比勇气更重要

巴顿将军有一句名言:"头脑清楚有时比勇气更重要。"巴顿带兵向来以敢打敢拼著称,还被众人赠予了"赤胆雄心"这个名号。但他在介绍打仗经验时,却非常强调脑袋清晰、理智冷静的重要性。

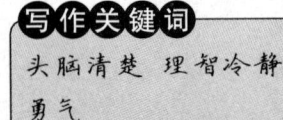

写作关键词
头脑清楚　理智冷静
勇气

有一次,巴顿在弗吉尼亚介绍自己的经验时说:

"我今天想要告诉大家的是:战争并不仅仅需要勇气,还要有智慧和理智。

"报纸上把我叫做'赤胆雄心'的老头儿,这个我倒不介意。因为这个封号听上去还算比较酷。但是我必须强调,战争可不是一味靠胆子大的。没有一个军事指挥官可以仅仅依靠勇气或是仅仅依靠机智来打胜仗,应该说,两者缺一不可。

"再次提醒大家,战略需要勇气,也需要清晰的头脑。我的话完了。"

巴顿在战场上始终贯彻这样的思路。1943 年,巴顿在北非战场作战,当时他面对的一项任务是:不惜一切代价占领 396 高地。正当巴顿打算向最近的第 47 步兵团下达命令之际,参谋长告知他一个数据,那就是第 47 步兵团在前面 11 天的战斗里已经伤亡了近四分之一的官兵。巴顿立即致电他的上级说:"这样的疲惫之师很难取得冲刺性的胜利。"同时他连夜召开参谋团会议确认了一个替代方案并很快占领了 369 高地。

·男孩应该懂得的道理·

冲动之人，往往成不了任何事，而理智之人，常常能够成就任何事。这说得一点儿也不夸张，有句话是这样说的："事业常成于坚忍，毁于急躁。"只有理智的人才会坚忍，而冲动之人常会急躁。

知识点链接

巴顿

巴顿，美国四星上将。巴顿从小就对军事有着强烈的兴趣。1903年，年仅18岁的巴顿迈出了军事生涯的第一步，他考上了弗吉尼亚军事学院，次年巴顿又进入西点军校学习。

巴顿在军界崭露头角是在第一次世界大战中，作为潘兴将军副官的他，在战争中表现出色，获"优异十字服务勋章"。真正让巴顿在国际上扬名是第二次世界大战。二战中，担任集团军司令一职的巴顿，作战勇猛顽强，指挥果断，在北非、意大利、法国、德国等战场上无往不胜，叱咤风云，二战时期欧洲盟军总司令艾森豪威尔曾高度评价他："在第二次世界大战的历次战役中，没有任何一位高级将领有过像巴顿那样神奇的经历和惊人的战绩"。与此同时，巴顿还为自己赢得了"血胆将军"的称号。

鲜为人知的是，巴顿不仅在军界大放光彩，在体育上也表现不俗。他曾参加过第五届斯德哥尔摩奥运会，在现代五项比赛中取得了第五名的好成绩。

1945年12月，巴顿外出打猎时突遇车祸而受重伤，后不治在德国海德堡去世，享年60岁。

做个有完美性格的男孩

愤怒易使人失去理智

在非洲的草原上，生活着许多以吸血为生的小动物，其中一种吸血小蝙蝠十分厉害。据说，每年死在吸血小蝙蝠嘴下的野马不计其数。

写作关键词
愤怒 横冲直撞
发疯 按捺怒气

吸血小蝙蝠小得实在有些不起眼，它们得吸多少血，才能让野马失血致死？带着这些疑问，一批研究人员来到了非洲草原。为了揭开这个谜团，他们将几十部特制的微型摄像机放到了野马出没的地方。没几天，研究人员就拍到了吸血小蝙蝠最终杀死野马的全过程。

吸血小蝙蝠的吸血本领十分高超，它们选中某匹野马后，立即轻轻地附在野马腿上，然后用锋利的牙齿刺破野马腿上的一块皮肤，再用尖尖的嘴伸到伤口处用力吸血。小蝙蝠的这一系列动作让野马疼痛难忍，为了摆脱疼痛，它们迅速踢腿、狂奔，可是任凭野马怎样努力，吸血小蝙蝠都不肯放弃。而且，野马的剧烈运动会使伤口大量出血，结果引来更多的吸血小蝙蝠。于是，野马更加剧烈奔跑，使劲地踢踏脚下的植物，而小蝙蝠们吸得的血就越来越多，越来越足。

当蝙蝠们把肚皮吸得鼓鼓的，扬长而去时，野马仍处于巨大的愤怒中。它们横冲直撞，像是发了疯一般。用不了多久，野马就会颓然地倒地死去。

其实，吸血小蝙蝠们吸取的血量对于野马来说是微不足道的，真正杀死野马的，是野马被袭击后的暴怒和剧烈运动。假若野马能够按捺住怒气，任凭小蝙蝠们吸个饱，根本不会因此而丧命。

· 男孩应该懂得的道理 ·

愤怒易使人失去理智，惟有冷静地面对一切，我们才能更好地保护自己，不让自己继续受到伤害。

知识点链接

> **吸血蝙蝠**
>
> 吸血蝙蝠是名副其实的以血为食的动物，分布在美洲中部和南部。这种蝙蝠体型小，最大的体重不超过40克。吸血蝙蝠飞行力强，且寿命较长，平均寿命为12年。一般来说，一只吸血蝙蝠一生所吸的血达100升左右。

永远别在盛怒下做事

有一天，国王到森林中去打猎，许多文官武将跟随其后，在他们身后还有一群带着猎犬的仆人，他们希望能够满载而归。

写作关键词

沉着冷静 愤怒 理智

国王的手腕上站着一只强悍威武的老鹰，这只老鹰被训练出来专门打猎。只要国王一声令下，它就会飞向云端，向下四处寻找猎物。如果碰巧发现鹿或是兔子，它就会快速地扑上去，将其擒住。

这天，国王的运气并不好，他与大家走散了，天气又很热，国王觉得十分口渴。他希望能够看到清凉的泉水，但是，炎热的夏日早已将山溪烤干了，老鹰也在上空无奈地盘旋寻找。

终于，国王发现有一些水沿着一块岩石边缘滴流下来。他想再往上走一点儿路，一定有一道泉水，而现在一次就只有一滴水落下来。

国王从马背上跳了下来，从袋子里取出一个小银杯，将它拿去盛接那慢慢滴落下来的水珠。国王花了很长时间才将杯子装满。他实在太渴了，杯子几乎装满水了，他迫不及待地把嘴凑到杯边。就在这个时候，突然天空中传来呼呼的声音，接着他的杯子就被打翻了，水泼洒在地上，倏地就渗入进缝隙了。国王抬头一看，原来是他养的老鹰。

国王捡起杯子，又继续接落下的水滴。这次，他没有等那么久，就在杯内的水才半满的时候，他就把杯子举到嘴边。但是，在杯子碰到他的嘴唇之前，那只老鹰又再一次扑下来，把杯子从他的手中打落。这下子，国王真生气了。

他大声吼叫着："如果你再来，我就把你的脖子砍断！"

然后，他又拿杯子盛水。但是，在他预备要喝水之前，老鹰又冲下来。愤怒的国王拔出剑刺中了它，可怜的老鹰倒在了血泊中，国王的杯子掉进了岩缝中。

国王只好继续向前走，他想找到水的源头。后来，他终于找到了一个积水的池塘，但是他也惊讶地发现，在水池里有一条死去的巨大毒蛇。他顿时明白了。他哭喊道："我的老鹰救了我，它是我的朋友，而我竟然把它杀掉了。"

他又艰难地回去，找到老鹰的尸体，把它厚葬了，从此以后，当他再发怒时就告诫自己：永远别在盛怒下做事。

·男孩应该懂得的道理·

遇事沉着冷静，任何时候都是有百益而无一害的。人在情绪极度激动，尤其是愤怒的时候做出来的决定往往不太理智。记住，不要在盛怒下做任何事情。

 知识点链接

鹰

鹰科动物的种类很多，有的叫鹫，有的叫鸢，叫鹞，叫雕等等，都是些吃小动物的大鸟或中小型鸟。值得注意的是，名字叫"鹰"的动物并不都是鹰。比如，猫头鹰就不是鹰，而属于鸮。"夜鹰"同样不是鹰，而是雨燕及蜂鸟的亲戚。

男孩自控手册——如何培养自己的自控能力

1. 转移注意法。

就是在受到不好的刺激时,可以先想点或干点别的。如俄国著名作家屠格涅夫劝人在吵架将要发生时,必须先把舌头在嘴里转上10个圈。

2. 心理暗示法。

如林则徐用"制怒"条幅自控,苏轼以"忍小忿而就大谋"的词句自勉,以使自己在遇到不良刺激时,保持良好的心境。

3. 回避刺激法。

当遇到可能使自己失去自制力的刺激时,应竭力回避。如隔壁有人骂我,我不侧耳去听,而是外出散步。这样就能避免发怒造成冲突。

4. 合理发泄法。

有人在情绪波动时,会利用听音乐、绘画或运动来宣泄其情绪。

5. 积极补偿法。

即利用愤怒情绪产生的强大动力,找一件你喜欢的工作埋头猛干,或拼命读书,或伏案疾书,使消极情绪得到积极的运用。

第五章

好品质，成就男孩的好未来

勇敢、勤劳、果断、专注、耐心、细心、吃苦耐劳、诚实……

这些品质都是男孩人生中最重要的坚持，也是每个男孩生命中最闪亮的珍宝。趁年轻，每个男孩都应该尽可能地为自己多收集一些，多储备一些，因为，终有一天它们会为你带来丰厚的回报。

男孩品质图释

● 勇敢、不退缩是男生的代名词,男生的世界里容不下胆小鬼。

解说语:在懦夫的眼里,干什么事情都是危险的,而真正的男子汉,却总是蔑视困难,勇往直前。

● 谦虚好学,不懂便真诚向他人请教。

解说语:任何人都不喜欢骄傲自大的人。只有谦虚,才能打开通往他人心灵的窗口,帮助自己赢得朋友。在社会交往中,即使你懂得的再多,也要做出谦虚的姿态,因为谦虚是人生前行的一张通行证,是与人和谐相处的必要条件。

● 千金难买一颗诚信的心。

解说语:诚信是不撒谎,答应别人的事情一定要保质保量的完成。假如你自认为是一个诚信的人,那同时你也是一个"富翁",因为一颗诚信的心价值百万。

◉ 专注地去做每一件事。

解说语：专注是聚精会神，是心无旁骛，是不达目的不罢休，它是做好一件事的基础，是成功的必备能力，也是优秀男孩必备的一种品质。专心致志地去做一件事，即便你不会成功，但至少你会离成功更近一步。

◉ 胜利就来自于下一秒钟的坚持。谁坚持得更久，谁就是最后的赢家。

解说语：学习和生活非常像一场场耐力长跑，当你精神抖擞时，别人也在精力充沛地往前奔；当你力气用尽时，别人也在跑与停之间挣扎……谁比谁多坚持一秒，谁就是最后的赢家。

做个有完美性格的男孩

01 勇往直前带来大成就，畏惧不前永远一事无成

写作关键词
懦夫 危险 蔑视困难 勇往直前

有一个男孩从小没有看见过海，他很想看一下大海到底是什么样的。有一天他得到一个机会，当他来到海边，那儿正笼罩着雾，天气又冷。"啊，"他想，"我不喜欢海。很庆幸我不是水手，当一个水手太危险了。"

在海边，他遇见一个水手，他们交谈起来。

"你怎么会如此爱海呢？"他问，"那儿弥漫着雾，又冷。"

水手回答道："海水是很冷，海面上经常有雾。然而更多时候，海是明亮而美丽的，所以不论是什么天气，我都爱海。"

"当一个水手不是很危险吗？"他问。

"一个热爱工作的人，是不会想到什么危险的。我们家的每一个人都爱海。"水手说。

"你的父亲现在在何处呢？"他问。

"他死在海里。"

他又问："你的祖父呢？"

"死在大西洋里。"

"既然如此，"这个男孩带着同情和惋惜的语气说，"如果我是你，我就永远也不到海里去。"

水手沉默一会儿，反问道："你愿意告诉我你的父亲死在哪儿吗？"

"啊，他在床上断的气。"他说。

"你的祖父呢？"

"也是死在床上。"

"这样说来，如果我是你"，水手说，"我就永远也不到床上去。"

————·男孩应该懂得的道理·————

在懦夫的眼里，干什么事情都是危险的，而热爱生活的人，却总是蔑视困难，勇往直前。

知识点链接

海水为什么是蓝色的

海水的颜色主要是由海水的光学性质，即海水对太阳光线的吸收、反射和散射造成的。太阳光是由红、橙、黄、绿、青、蓝、紫七色光复合而成，七色光波波长长短不一，从红光到紫光，波长由长渐短，其中波长长的红光、橙光、黄光穿透能力强，最易被水分子所吸收。波长较短的蓝光、紫光穿透能力弱，遇到纯净海水时，最易被散射和反射。又由于人们眼睛对紫光很不敏感，往往视而不见，而对蓝光比较敏感。于是，我们所见到的海洋就呈现出一片蔚蓝色或深蓝色了。如果打一桶海水放在碗中，则海水和普通水一样，是无色透明的。

做个有完美性格的男孩

耐心去等待成功的到来

一位著名的推销大师,在一生中取得了辉煌的成就,因为年龄大了,他即将告别自己的职业生涯。应人们的邀请,他将作一场演说。

写作关键词
焦急 等待 耐心
成功 失败

这天,会场上座无虚席,人们在热切而焦急地等待着。大幕徐徐拉开,舞台的正中央吊着一个巨大的铁球。为了这个铁球,台上搭起了高大的铁架。一位老者在热烈的掌声中走了出来,站在铁架的一边,他穿着一件红色的运动服,脚下是一双白色的胶鞋。

人们惊奇地望着他,不知道他会做出什么举动。两位工作人员抬着一个大铁锤,放在老者的面前。主持人邀请两位身体强壮的听众到台上来,推销大师请他们用大铁锤去敲打那个吊着的铁球,直到把它荡起来。

年轻人抡起大锤奋力向那吊着的铁球砸去,一声震耳的响声后,吊球动也不动。他用大铁锤接二连三地砸向吊球,很快他累得气喘吁吁,还是未能将铁球打动。

会场寂静无声。这时,推销大师从上衣口袋里掏出一个小锤,然后开始认真地面对着那个巨大的铁球捶打,他用小锤对着铁球"咚"地敲了一下,然后停顿一下,再用小锤敲打一下。

人们奇怪地看着。老人就这样"咚"的敲一下,然后停顿一下,……持续地做着。

10分钟过去了，20分钟过去了，30分钟过去了，会场早已开始骚动，人们用各种声音和动作发泄着自己的不满。老人仍然用小锤敲着，仿佛根本没有看见人们的反应。许多人愤然离去，会场上到处都是空着的座位。

40分钟后，坐在前排的人突然叫道："球动了。"

霎时间，会场又变得鸦雀无声，人们聚精会神地看着那个铁球。那个球以很小的幅度摆动起来，不仔细看很难察觉。大师仍旧一小锤一小锤地敲着，人们沉默地听着那小锤敲打吊球的声响。

吊球在大师一锤一锤地敲打中越荡越高，它拉动着那个铁架子"哐哐"作响，它的巨大威力强烈地震撼着在场的每一个人。年轻人用大锤也没有打动的铁球，在大师用小锤敲打中却剧烈地摆荡起来，终于，场上爆发出一阵阵热烈的掌声。

大师开口了，他只说了一句话："在成功的道路上，你没有耐心去等待成功的到来，那么，你只好用一生的耐心去面对失败。"

·**男孩应该懂得的道理**·

是否具有耐心历来被认为是一个人心理素质优劣的衡量标准之一。的确，一个人如果没有耐心，就绝对不会有收获。正如一位心理学家一再告诫人们的那样："成就某事的动机水平和压力程度以适度为宜。任何事情都有其规律，人生宏大的目标应当以累积诸多小目标为基础，成功不是一天取得的，要有耐心才行。"

 知识点链接

主持人

主持人是指具有采、编、播、控等多种业务能力，在一个相对固定的节目，作为主持者和播出者，集编辑、记者、播音员于一身的人。世界上最早的主持人起源于美国。我国最早在1981开始使用"节目主持人"一词。

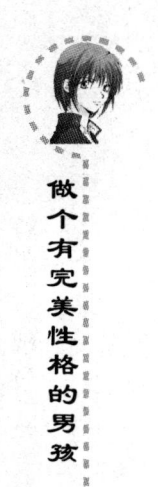

做个有完美性格的男孩

 03

不诚则无友，无信则无人与之交

18世纪英国的一位有钱的绅士，一天深夜走在回家的路上，被一个蓬头垢面衣衫褴褛的小男孩拦住了。"先生，请您买一包火柴吧。"小男孩说道。"我不买。"绅士回答说。

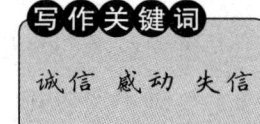

写作关键词

诚信 感动 失信

说着绅士躲开男孩儿继续走。"先生，请您买一包吧，我今天还什么东西都没有吃呢。"小男孩追上来说。绅士看躲不开男孩，便说："可是我没有零钱呀。""先生，你先拿上火柴，我去给你换零钱。"说完男孩拿着绅士给的一个英镑快步跑走了，绅士等了很久，男孩仍然没有回来，绅士无奈地回家了。

第二天，绅士正在自己的办公室工作，仆人说来了一个男孩要求面见绅士。于是男孩被叫了进来，这个男孩比卖火柴的男孩矮了一些，穿的更破烂。"先生，对不起了，我的哥哥让我给您把零钱送来了。""你的哥哥呢？"绅士问道。"我哥哥在换完零钱回来找您的路上被马车撞成重伤了，在家躺着呢。"绅士深深地被小男孩的诚信所感动。"走！我们去看看你的哥哥。"

到了男孩的家，看到绅士，躺在病床上的男孩连忙说："对不起，我没有给您按时把零钱送回去，失信了。"此时，绅士已经被男孩的诚信深深打动了。当他了解到两个男孩的亲父母都双亡时，毅然决定把他们生活所需要的一切都承担起来。

不讲诚信的人是暂时的"聪明",最终的吃亏者;而讲诚信的人是一时的"糊涂"者,长远的"获利"者。不妨扪心自问,你愿意长远获利还是最终吃亏,这就取决于你是否愿意拥有诚信的品质。

 知识点链接

绅士

绅士,或曰士绅,旧指地方上有势力、有名望的人。中西交往之后,该词被作为英语gentleman的意译之一,形容彬彬有礼、待人谦和、衣冠得体、谈吐高雅、知识渊博、见多识广、有爱心、尊老爱幼、尊重女性、无不良嗜好、人际关系良好、心地善良、举止优雅的男士。

做一个勤奋的人

写作关键词
勤奋 坚持 创作

在美国,有一个人在一年之中的每一天里,都几乎做着同一件事:天刚刚放亮,他就伏在打字机前,开始他一天的写作。他听着美妙的音乐,一边飞快地敲击着打字机的键盘。这个时候,大街上人来人往,人们匆匆忙忙去上班。他像一个听到

冲锋号令的战士一样,全身高度集中,全力以赴地奔赴自己的战场。他是一个作家,他的战场就是荧光屏幕,他的武器就是打字机。这个男人名叫斯蒂芬·金,是国际上著名的恐怖小说大师。

斯蒂芬·金的经历十分坎坷,在他不名一文的时候,他穷困潦倒得连电话费都交不起。电话公司因此而掐断了他的电话线。后来,他成了世界上著名的恐怖小说大师,整天稿约不断。常常是一部小说还在他的大脑之中储存着,出版社高额的预订金就支付给了他。如今,他算是世界级的大富翁了。可是,他的每一天,仍然是在勤奋的创作之中度过的。

斯蒂芬·金成功的秘诀很简单,只有两个字:勤奋。除了勤奋还是勤奋。一年之中,他只有三天的时间是例外的,不写作。也就是说,他只有三天的休息时间。这三天是:生日、圣诞节、美国的独立日(国庆节)。勤奋给他带来的好处是:永不枯竭的灵感。我国的学术大家季羡林老先生曾经说过:"勤奋出灵感。"缪斯女神对那些勤奋的人总是格外青睐的,她会源源不断给这些人送去灵感。

斯蒂芬·金和一般的作家有点不同,一般的作家在没有灵感的时候,就去干别的事情,从不逼自己硬写。但斯蒂芬·金在没有什么可写的情况下,每天也要坚持写 5000 字。这是他在早期写作时,他的一个老师传授给他的一条经验。而在他早期的创作实践中,他也是坚持这么做的。这段经历使他终生受益。他说,我从没有过没有灵感的恐慌。

······ ·男孩应该懂得的道理· ······

做一个勤奋的人,阳光每一天的第一个吻触,肯定是先落在勤奋者的脸颊上。

知识点链接

季羡林

季羡林是我国著名的文学家、语言学家、教育家和社会活动家、翻译家、散文家,精通12国语言。曾历任中国科学院哲学社会科学部委员、北京大学副校长、中国社科院南亚研究所所长。季羡林学贯中西,享誉中外,德高望重,是名副其实的学术巨擘、国学大师,被誉为"国宝"。他在自传中写道:"我这一生是翻译与创作并举,语言、历史与文艺理论齐抓,对比较文学、民间文学等等也有浓厚的兴趣,是一个典型的地地道道的'杂家'。"他还多次公开表示拒绝"国学大师""国宝"等称号。2009年7月11日北京时间8点50分,季羡林在北京病逝,享年98岁。

怀有一颗感恩的心

2003年5月,当代科学大师霍金在北京科学会堂做完学术报告,观众们依然沉浸在闪烁思想火花的精彩绝伦的报告当中。

写作关键词

磨难 挑战 感恩

一位年轻的女记者急切地走到这位科学大师面前,提出了一个十分不解的困惑:"霍金先生,颅伽雷病已将您

做个有完美性格的男孩

永远地固定在轮椅上了,您难道没有为自己已失去太多而悲伤过吗?"

霍金脸上挂着微笑,缓缓地抬起手臂,用不大灵便的手指,艰难地敲击着胸前的键盘,在宽大的投影屏上,缓慢而醒目地显示出了下列几行文字——

我的手指还能够活动,

我的大脑还能思维;

我有终生追求的理想,

有我爱和爱我的亲人和朋友;

最重要的是,我还有一颗感恩的心……

骤然间,肃穆的会场上再次响起如潮的掌声,人们纷纷拥上台前,向这位坦然面对磨难、挑战艰难并不断铸就辉煌的人生斗士,表示深深的敬意。

年轻女记者的心灵被震撼了,望着霍金先生那并不十分高大的身躯,她恍然读懂了一个十分重要的人生课题——做人,要常怀感恩之心。

·男孩应该懂得的道理·

无论生活给了我们什么,无论处于何种境地,只要常怀一颗感恩的心,就能寻找出苦难命运的出口,就能透过厚厚的阴云看到阳光。

 知识点链接

斯蒂芬·霍金

斯蒂芬·霍金,英国剑桥大学应用数学及理论物理学系教授,当代最重要的广义相对论和宇宙论家,是当今享有国际盛誉的伟人之一,被称为在世的最伟大的科学家,还被称为"宇宙之王"。70年代他与彭罗斯一起证明了著名的奇性定理,因此被誉为继爱因斯坦之后世界上最著名的科学思想家和最杰出的理论物理学家。他著的《时间简史》是人类科学史上里程碑式的佳作。

诚实是做人的根本

华盛顿的父亲是个大种植园的园主，非常喜爱花草树木。他亲手在自家的花园里栽培了几棵樱桃树，每天浇水、松土，爱如珍宝，使樱桃树长得既快又壮。

写作关键词

诚实　勇敢　勇于认错

一天，父亲出去了。华盛顿望着枝叶茂盛的樱桃树，脑子里闪出个大问号：这几棵樱桃树为什么能长得这样好呢？他皱着眉头来回打量，突然自语道："哼，这树杆里面说不定有什么'宝贝'呢！弄开看看。"他看看家里没人，便提了一把斧头，来到树前"咔嚓"一声把樱桃树砍断了。然后，扔下斧头，握把小刀，急切地在树杆里拨呀、找呀，但始终没找到什么"宝贝"。于是，他泄气了，心想："宝贝"没找到，树也砍坏了，父亲回来一定会打我的。他害怕了。

父亲回来了。他像往常一样，先去看他的樱桃树。望着父亲的脚步，华盛顿紧张得冒出了一身冷汗。果然，大祸临头，父亲捡起被砍断的樱桃树枝恼怒地吼道："这是谁干的？谁干的？真是太坏了！我要扭断他的胳膊。"听到父亲的喊声，全家人都跑出来摇头摆手表示不是自己砍的。华盛顿心想，明明是自己砍的，何必连累别人呢？他咬了一下嘴唇，走到父亲跟前说："爸爸，樱桃树是我砍的！"父亲正要举手打他，华盛顿睁着一双大眼睛望着盛怒的父亲

做个有完美性格的男孩

说:"爸爸,我告诉你的是事实,绝没有说假话!"听着儿子的申述,父亲的怒容顿时消失了,心想:是呀,孩子虽然损坏了樱桃树,但他却认识了自己的错误,而且能诚实勇敢地承认错误,我怎么能打他呢?

他和蔼而亲切地拉过华盛顿说:"孩子,你不必害怕,我不会打你的。因为,你这种对错误勇敢诚实的态度,比爸爸心爱的樱桃树要珍贵千万倍!"接着他拍拍儿子的小脑瓜,询问了他砍树的前前后后。华盛顿又如实地向父亲叙述了他砍树的想法。父亲听了很高兴,吻了一下儿子说:"是啊,对任何事情都要多问几个为什么。"然后父亲大声向全家人说:"我们家的每一个人,包括我自己在内,都要学习华盛顿这种诚实和勇于认错的精神!"

·男孩应该懂得的道理·

纸是永远包不住火的,错了就是错了,如果连认错的勇气都没有,那又何谈做个了不起的男子汉?诚实是做人的根本,知错就改、勇于承认错误的美好品质是每个男孩都必须具备的。

知识点链接

乔治·华盛顿

乔治·华盛顿是美国的开国元勋,美国独立战争时期的大陆军总司令,美利坚合众国的创建人和第一任总统(同时也是全世界第一位以"总统"为称号的国家元首)。第一任期结束后,华盛顿无异议地获得了连任资格。在两届任期结束后,他自愿放弃权力不再连任,因此建立了美国历史上总统不超过两任的传统。他通常被称为美国国父,学者们则将他和亚伯拉罕·林肯并列为美国历史上最伟大的总统。

只有想不到的，没有做不到的

写作关键词
创新 勇气 想不到 做不到

福特出生于农家，从小就对机械充满了兴趣。每天清晨，在父母的带领下，他和弟弟、妹妹们一起去农庄里干活。一天的劳累让他对人力劳动产生了厌烦，他特别想用机器来代替人力和畜力。于是，他在生活之中时刻注意思考和实践。

有一次，他和同桌将一块手表拆开了。他们的调皮行为引起老师的愤怒，要求他们放学后留下来，将表修好后才能回家。但10分钟过后，福特就将一块完整如初的手表交到了老师手中。没等老师回过神来，他已经和小伙伴们愉快地走在回家的路上了。

还有一次，他用东西将茶壶嘴堵住，然后将茶壶放在生火的炉子上。弄完这些后，他就静静地守在一边等候结果。水沸腾以后，变成了水蒸气，而水蒸气无处可出。于是，茶壶当场发生了"爆炸"，将一面镜子和一扇窗户打碎，而小福特也被严重地烫伤了。

但这一切都没能浇灭他发明、创造的热情。12岁那年，他开始构想制造出一部能在公路上行走的机器。而当时，他的父母希望他留在农庄帮忙，而福特却坚持当一名机械师。他用一年的时间将3年的训练课程完成了，而且每天都想制造出自己的第一辆汽车。他的想法得到了大发明家爱迪生的支持，他受邀开始在底特律爱迪生公司工作。

做个有完美性格的男孩

1892年，29岁的福特终于制造出世界上第一部汽车引擎。1896年，他生产出第一辆汽车。从1908年开始，福特就致力于推广汽车的销售。今天的美国，几乎每个家庭里都有一辆以上的汽车，而底特律也一跃成为美国最大的工业城市。

·男孩应该懂得的道理·

第一个蒸汽机、第一辆汽车、第一台计算机……这许许多多的第一都是在许多人的"不可能完成"的反对声中制造出来的。试想，如果没有创新，没有敢于实践的勇气，今天的世界能够获得如此大的发展吗？

创新应该是每个男孩必须具备的基本品质，凡事都要敢想。要知道，只有想不到的，没有做不到的。

 知识点链接

亨利·福特

亨利·福特，美国汽车工程师与企业家，福特汽车公司的建立者。他是世界上第一位使用流水线大批量生产汽车的人，这种新的生产方式使汽车成为一种大众产品。福特有这样的绰号："汽车之父"、"汽车界的哥白尼"、"把美国带进流水线的人"。1947年4月3日，福特去世，为了纪念他，他葬礼的那一天，美国所有的汽车生产线停工一分钟。《财富》杂志曾将福特评为"20世纪最伟大的企业家"，以表彰他和福特汽车对人类发展所做出的贡献。

细心观察必能有所收获

1883年,凯恩斯出生于英国剑桥。他的父亲在剑桥大学任教,从小就很注重培养孩子的观察能力。因此,凯恩斯在十来岁的时候就十分善于观察身边的事物和现象,尤其是经济现象更让他着迷。

他家附近有两家卖粥的小店。左边这家和右边那家每天的顾客流量都差不多,几乎都是川流不息,总是有人进进出出的。这两家粥店是老店,店主也认识凯恩斯一家。

从小就对数字、经济充满兴趣的凯恩斯总是喜欢在粥店结账的时候去凑凑热闹。不久,他就发现,虽然两家粥店的顾客量差不多,但是左边这家店的营业额却比右边那家店高出许多,这让他觉得十分不解。

为了将这件事情弄个水落石出,他决定亲自观察他们的经营情况。

他走进了右边那家粥店。此时,服务小姐正微笑着招待一位客人,她将一碗粥端到客人面前,然后笑着问道:"加不加鸡蛋呢?"客人说加。于是,服务员给他加了一个鸡蛋。

然后,每进来一个顾客,服务员都要问一句:"加不加鸡蛋?"有说加的,也有说不加的,大约各占一半。

第二天,凯恩斯又开始观察左边这家粥店。服务小姐也是笑呵

呵地将客人迎进来，然后将粥盛给顾客，随后问道："加一个鸡蛋，还是加两个鸡蛋？"客人笑着说："加一个。"

然后，又进来一个顾客，服务员还是问道："加一个鸡蛋还是加两个鸡蛋？"爱吃鸡蛋的人往往就要求加两个鸡蛋，而不爱吃鸡蛋的就只加一个。也有要求不加的，但是人数极少。

凯恩斯终于明白这两家营业额不一样的真实原因了。正是通过这样细致入微的观察，他从小就洞悉了生活中的经济学现象，为他日后的成就奠定了坚实的基础。

·男孩应该懂得的道理·

用心地观察生活，生活就会给你想象不到的回报。许多成功人士的成长经历都无一例外地表明，细致的观察对于他们的成功起着巨大的推动作用。

知识点链接

凯恩斯

凯恩斯，英国经济学家，现代西方经济学最有影响的经济学家之一，他创立的宏观经济学与弗洛伊德所创的精神分析法和爱因斯坦发现的相对论一起并称为"20世纪人类知识界的三大革命"。

09 用勇气叩响成功的大门

听说英国皇家学院公开张榜为大名鼎鼎的教授戴维选拔科研助手，年轻的书籍装订工人法拉第激动不已，赶快到委员会报了名。但临近考试的前一天，法拉第被意外通知考试资格已取消，因为他是一名普通工人。

写作关键词
犹豫 顾虑重重
鼓足勇气

法拉第愣住了，他气愤地赶到委员会。委员们傲慢地嘲笑说："没有办法，一个普通的装订工想到皇家学院来，除非你能得到戴维教授的同意！"

法拉第犹豫了。如果不能见到戴维教授，自己就没有机会参加考试。但一个普通的装订工人要想拜见大名鼎鼎的皇家学院教授，他会理睬吗？

法拉第顾虑重重。但为了实现自己的人生梦想，他还是鼓足勇气站到戴维教授的大门口。教授家的门紧闭着，法拉第在教授门前徘徊了很久。"笃笃笃笃"，教授家的大门终于被一颗胆怯的心叩响了。

院子里没有声响。当法拉第准备第二次叩门的时候，门却"吱呀"一声开了。一位面色红润、须发皆白、精神矍铄的老者正端祥着法拉第，"门没有闩，请你进来。"老者微笑着对法拉第说。

"教授家的大门整天都不闩吗？"法拉第疑惑地问。"干吗要闩上呢？"老者笑着说，"当你把别人闩在门外的时候，也就把自己闩

在了屋里。我才不当这样的傻瓜呢。"他就是戴维教授。他将法拉第带到屋里坐下，聆听了这个年轻人的叙说和要求后，写了一张纸条递给法拉第说："年轻人，你带着这张纸条去，告诉委员会的那帮人说戴维老头同意了。"

经过激烈的竞争考试，书籍装订工法拉第出人意料地成了戴维教授的科研助手，走进了英国皇家学院那高贵而华美的大门。

------•男孩应该懂得的道理•------

成功之门总是虚掩的，它总是留给那些有勇气去强大自己的人。勇敢是成功者必备的素质，只有勇敢而富有冒险精神的人，才能成就伟大的事业。

知识点链接

法拉第

法拉第，英国物理学家、化学家，出生在一个贫苦铁匠家庭，仅上过几年小学，后到书店当学徒。书店丰富的图书资源给法拉第提供了便利的学习条件，他趁此机会埋头苦读，自学成才进入英国皇家学院，在戴维的指导下进行科学研究工作。

作为一名天才的电学大师，法拉第在电磁学的新领域中树立了前进的路标。1837年他引入了电场和磁场的概念，指出电和磁的周围都有场的存在，这打破了牛顿力学"超距作用"的传统观念。1883年，他提出了用电力线的新概念来解释电、磁现象，这是物理学理论上的一次重大突破。1852年，他又引进了磁力线的概念，从而为经典电磁学理论的建立奠定了基础。

爱因斯坦高度评价法拉第的工作，认为他在电学中的地位，相当于伽利略在力学中的地位。

10 不当机立断，可能失去的更多

一位42岁名叫尼尔·巴特勒的探险者，在人烟稀少的加拿大西部雪地上行走时，突然被捕熊器牢牢地夹住了脚。更可怕的是，这一地区晚间温度会降到零下几十度，遇此绝境，要么被冻死，要么断腿逃命。

写作关键词

果断 选择 智慧

经过慎重思考，他果断地选择了后者："给自己截肢"。

当做出选择后，他嘴里咬住帽子以防痛苦中喊叫时咬伤舌头；他用血洗刀，权当消毒；他用衣服扎住小腿来止血；然后用锯齿刀锯断自己的腿骨。他终于将自己从捕熊夹中解救出来，用雪埋好断肢，以备以后能接上。他做完这些事后，开车走了150多公里才找到森林边上的一个医疗站，说明情况并告诉医生"我的脚还在雪地里"之后并瘫倒了。

后来，他的脚并没有保住，但他智慧的选择却为他保住了生命。

········男孩应该懂得的道理·········

如果尼尔·巴勒斯没有当机立断，做出"截肢"的决定，那么结果会如何呢？恐怕他失去的不是一条腿，而是整个生命。这就是如果不当机立断，可能失去更多的道理所在。

人生也是如此，左右为难的情形会时常出现，为了得到一半，必须放弃另一半。若过多地权衡，患得患失，到头来很可能两手空空，一无所得。

做个有完美性格的男孩

雪花为什么是6个瓣

早在公元前的西汉时代，《韩诗外传》中就指出："凡草木花多无出，雪花独六出。"如果把雪花放在放大镜下，可以发现每片雪花都是一幅极其精美的图案，而且大多都有6个花瓣。那雪花为什么是6个瓣的呢？原来，雪花的前身是小冰晶，而小冰晶本身是一种六角形的结晶体。在冰晶形成单个雪花的过程中，由于冰晶的6个角处于突出位置，水蒸气供应充足，6个尖角增长的速度较快。这样，冰晶便长成了6个瓣的枝形、星形、扇形、针形、柱形等各种精美图案的雪花。

11

果断的抉择铸就成功

写作关键词

果断 抉择 患得患失 犹犹豫豫

康拉德·希尔顿童年的时候，他父亲在离火车站不远的一个小镇上开了一家小旅馆。十来岁的希尔顿，在店里当差打杂，给顾客送饭，替客人擦车、喂马。他每天从清晨一直忙到傍晚，夜间还需要两次去到火车站招揽顾客。希尔顿经常睡眠不足，在夜里接站时起不来，每次都是他的父亲大声吼叫了半天才动身，常常把住在店里的顾客都吵醒了。

长大以后，希尔顿接管了父亲的店铺，但对于年轻气盛的他来说，开旅馆并非他当时的理想。他最大的梦想是开一家银行，当一名风度翩翩的银行家，坐在银行大厦宽敞明亮的大办公室里，处理着大笔大笔的金融业务。然而，一场突如其来的战争，中断了希尔顿做银行家的梦。1917年，希尔顿应征入伍，参加了第一次世界大战。等到他退役回来时已经31岁了，此时他父亲已经去世，他感觉自己一事无成，又不知道做什么好。

就在希尔顿彷徨的时候，他决定到新兴的开发区看一看。他来到当时因发现石油而聚集了无数冒险家的德克萨斯州，在一个叫西斯科的小镇，他发现了一家正要出售的银行。希尔顿当即要将它买下，却不料在出尔反尔的卖主那里结结实实地碰了一鼻子灰。

窝了一肚子火的希尔顿来到马路对面的一家名为"莫布利"的旅馆，想在这儿住上一晚。谁知旅馆门厅里的人群就像潮水似的争着往柜台挤，他好不容易挤到柜台前，服务员却把登记簿"啪"地一合，高声喊道："客满客满了！"而后，一个铁青着脸的先生开始清理客厅，驱赶人群。他口气生硬地对希尔顿说："请快点离开，8小时后再来碰运气，看有没有腾空的床位，因为我们这里每天24小时做3轮生意的。"希尔顿正想发火，忽然灵机一动地问："你是这家酒店的主人吗？"对方却诉起苦来："是的。我就是陷在这里不能自拔了。我赚不到什么钱，不如抽资金到油田去赚更多的钱。""你的意思是？"希尔顿压抑住自己的兴奋，故意满不在乎地问，"这家酒店准备出售？""只要有人出5万美元，今晚就可以拥有这儿的一切，包括我的床。"旅店老板卖店的决心已定。

希尔顿仔细查阅了莫布利旅馆的账簿，决定买下这家酒店。经过一番讨价还价，卖主最后同意以4万美元出售。希尔顿立即四处筹借现金，终于在一星期期限截止前几分钟将钱全部送到。

希尔顿成了莫布利旅馆的主人，这为他未来的饭店王国铺下了第一块基石。

做个有完美性格的男孩

·男孩应该懂得的道理·

　　总结成功人士的经验，大多有智慧选择的趣谈。难道不是吗？如果希尔顿没有做出果断的抉择，他就不会成为莫布利旅馆的新主人。而仔细分析不成功人士的教训，许多都有不能果断抉择的遗憾。人之一生，会有诸多选择。如果你患得患失，犹犹豫豫，始终下不了决定，那也许将会做出错误的选择；如果你具备了果断的品质，当机立断，也许就已经走上了成功之路。

 知识点链接

康拉德·希尔顿

　　康拉德·希尔顿，美国旅馆业巨头，人称"旅店帝王"。1924年，希尔顿建造了自己的第一家百万美元的酒店。随后，雄心勃勃的希尔顿继续扩张自己的事业版图，到目前为止，希尔顿的"旅店帝国"已延伸到全世界，在全球拥有四千多家旅馆，全球除了南极之外，几乎各地都有"希尔顿"。

　　现在，希尔顿旅馆有限公司已是世界公认的酒店业中的佼佼者，年年被评为"全球最佳连锁店"。

12

成功是对吃苦耐劳者的最大奖赏

李嘉诚幼年丧父,家庭的重担由他一肩挑起。14岁,正是一般青少年求学的黄金岁月,应该是无忧无虑的,然而迫于生计他不得不选择辍学,走上谋职

写作关键词
考验　磨炼　吃苦肯干

一途,在港岛西营盘的春茗楼找到一份服务生的工作。每天清晨5点左右一般人都还在睡梦中的时候,他就必须提起精神从温暖的被窝中爬起,然后赶到茶楼准备茶水及茶点。每天他的工作时间长达15个小时以上,生活简直就是一场严酷的考验和磨炼。

舅父非常疼爱李嘉诚,为了让他能够准时上班,就买了一只小闹钟送他。他把闹钟调快了10分钟,以便能最早一个赶到茶楼开门工作。茶楼的老板对他的吃苦肯干深为赞赏,所以李嘉诚成为茶楼中加薪最快的一个员工。

曾有人问李嘉诚的成功秘诀。李嘉诚讲了下面这则故事:

在一次演讲会上,有人问69岁的日本"推销之神"原一平其推销的秘诀是什么,他当场脱掉鞋袜,将提问者请上讲台,说:"请你们摸摸我的脚板。"

提问者摸了摸,十分惊讶地说:"您脚底的老茧好厚呀!"

原一平说:"因为我走的路比别人多,跑得比别人勤。"

李嘉诚讲完故事后,微笑着说:"我没有资格来让你摸我的脚板,但可以告诉你,我脚底的老茧也很厚。"

· 男孩应该懂得的道理 ·

将吃苦耐劳与成功绝对分开是不可能的,一分汗水一分收获,世界上没有不劳而获的好事。

想想看吧,勤劳也是一天,懒惰也是一天,但勤劳的一天天却铸就了成功的高塔,懒惰的一天天却累积了你的贫穷、失败与丧气……面对这样的选择,你会如何取舍呢?

 知识点链接

原一平

在日本寿险业,原一平是一个声名赫赫的人物。他的一生充满传奇,从被乡里公认为无可救药的小太保,最后成为日本保险业连续15年全国业绩第一的"推销之神",最穷的时候,他连坐公车的钱都没有,可是最后,他终于凭借自己的毅力,成就了自己的事业。

 13

不让恐惧左右自己

艾森豪威尔5岁的时候,有一次去叔叔家玩,叔叔的房子后面养了一对大鹅,结果公鹅一见到他就一边怪叫一边向他扑过来。

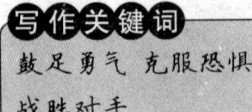

写作关键词
鼓足勇气 克服恐惧
战胜对手

他哪受得了这种恐吓,于是拼命跑开,向大人哭诉。

受了几次惊吓后,叔叔找了把旧扫帚交给他,然后指着大鹅对他说:"你一定能战胜它。"当鹅再次向他冲来时,他手里拿着扫帚,压抑住浑身不停的颤抖。猛然间,他鼓足勇气大吼一声,挥起扫帚向鹅冲去,鹅掉头便跑,他紧追不舍,最后狠狠地给了鹅一下,鹅惨叫着逃跑了。从那以后,鹅只要一见他就会远远地躲开。从此,他懂得了一个道理:只要克服了恐惧,就能战胜对手。

后来有一段时间,他每天放学回家的时候,都被一个与他年龄相仿、粗壮好斗的男孩追赶。一天,这一幕正好被他父亲看见,于是冲他大喊:"你干嘛容忍那小子追得你满街跑?去把那小子给我赶走!"

于是,他不得不停下来,面对自己很怕的对手,摆出反击的姿态。这一招立刻把对手吓住了,对手慌忙夺路而逃。艾森豪威尔顿时勇气大增,一把将对手抓住,正颜厉色地警告他:"如果你再敢找我的麻烦,我不会对你客气。"

通过这件事,他进一步悟出一个道理:别看有些人耀武扬威,其实不过是外强中干,唬人而已。

·男孩应该懂得的道理·

心理学家斯科特·派克说:"在这个世界上,只要你真实地付出,就会发现许多门都是虚掩的。微小的勇气,能够完成无限的成就。如果你幸运地与生俱来就有勇气这种品性,那么很值得祝贺;如果你还没有养成这种性格,那么尽快培养吧,人的生命很需要它。"仔细反复阅读这句话吧,希望未来的你面对迎面而来的恐惧感,能够选择勇往直前而不是畏惧不前。

做个有完美性格的男孩

知识点链接

斯科特·派克

斯科特·派克,美国著名作家、医学博士、心理治疗大师。在近二十年的职业生涯中,他治愈了成千上万个病人,由此获得了坦普尔国际和平奖。他以从业经验为基础写作的《少有人走的路》,被翻译成23种以上的语言,它曾在美国最著名的《纽约时报》畅销书排行榜上连续上榜近20年,创造了出版史上的一大奇迹。

坚韧的意志是获得最终胜利的基石

贝多芬是世界著名的音乐家,是德国的骄傲,他给后人留下了许多不朽的作品,被后人尊为乐圣。法国著名作家罗曼·罗兰曾对贝多芬的一生感慨万分:

写作关键词
痛苦至极 绝望 坚强的意志 鼓起勇气

"世界不给他欢乐,他却创造了欢乐来给予世界!"他之所以这样说,正是因为贝多芬成就的取得非同一般,经历了常人想象不到的磨难。

原来贝多芬弹得一手好钢琴,正当他奋发向上,准备向新的高峰挺进时，一场可怕的灾难降临到他的头上，他患了耳炎。这对一个搞音乐演奏和创作的人来说，真是一个致命的打击。他内心受着煎熬，却不愿向别人说出这巨大的不幸，但他的听力越来越衰退，他在田野上漫步时，再也听不到昔日远处牧羊人的歌声和婉转悠扬的笛声。他痛苦至极，他绝望了，甚至给弟弟写下了遗嘱，想结束自己32岁的生命。

然而，坚强的意志和对音乐的热爱，为艺术献身的信念，使贝多芬鼓起了生活的勇气。不能再弹琴了，他就转而把精力都投入到创作上，专门从事音乐创作。有时为了"听"一下曲子的音响效果，他就用一根小木棍，一头咬在嘴里，一头插在钢琴的琴箱里，通过木棍来感受音乐。就这样，经过不懈地努力，患有严重耳疾的贝多芬到逝世时，为人类留下了200多部作品，其中有不少不朽之作，如《英雄交响曲》《命运交响曲》和《热情奏鸣曲》等，而这么多作品几乎都是他在耳聋之后创作的。

----- • 男孩应该懂得的道理 • -----

没有坚韧的意志，就没有最后的胜利。哪怕你有天赋、有金钱、有地位、有学识，只要你没有向着成功的目标前进的坚韧意志，你就不会获得什么成就。

 知识点链接

贝多芬

贝多芬，德国最伟大的作曲家、指挥家、钢琴家，也是世界上最伟大的音乐家之一，被尊称为"乐圣"。其中，他用毕生的心血创作的《第九交响曲》、《月光名曲》等经典作品，是人类音乐史上的瑰宝。

15 成由勤俭败由奢

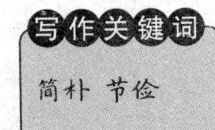

写作关键词

简朴 节俭

被誉为"经营之神"的台湾著名企业家王永庆一生简朴,尽管坐拥亿万资产,却从不奢靡。

王永庆的一条旧毛巾,使用了27年,一直舍不得扔掉,仍然继续使用。因为用的时间太长了,这条毛巾缺边少沿,毛茸茸的,非常刺激皮肤。他的太太十分心疼他,拿了一条新毛巾想给他换一换,但他却说:"既然能凑合着用,又何必换新的呢。"

在吃的方面,王永庆很少在外面宴请客户,一般都是在台塑大楼后面的招待所内宴客。还经常采用"中菜西吃"的方式,让大家围在圆桌上,将个人盘子端出,由侍者分菜,一人一份,吃完再加。台塑集团内的职工食堂,也采取类似的自助餐形式,菜与饭都是自取,而且分量不限,可是舀到餐盘里的饭菜绝对不可以剩下或倒掉,否则就要受罚。王永庆还时常提醒厨师要节约能源,他说:"汤煮开以后,应立即将火关小,滚汤温度达到沸点100度以后,继续用火烧,那只是浪费电而已。"

在穿的方面,王永庆也十分节俭。王永庆经常是实在有必要时,才去做一套西服,而不是像一般企业家一样,事先预备好几套西装。有一次,王太太发现王永庆的腰围缩小了,平常穿的西装显得不太合身了,特地请了裁缝师傅,然后到衣柜里拿出几套已经很旧的西装,坚持请裁缝师傅把腰身改小就行了,而拒绝订做新的。王永庆认为："既然旧西装还是好好的，改一改就可以穿了，又何必浪费去做新的呢？"

在行的方面，王永庆也处处节省。有时甚至出国出差都只肯坐经济舱，而不坐头等舱。到了目的地以后，也不愿住五星级宾馆，大多住在当地的台塑集团招待所里，就连外出时用的小轿车，也反对使用豪华车。

许多人都对王永庆在成为台湾大富豪以后，仍然在衣、食、住、行各个方面艰苦节俭表示不理解，但是王永庆对此却有他自己的独特见解。

1975年1月9日，王永庆接受美国圣若望大学赠授博士学位的典礼上所说的一段话，就很发人深省。

王永庆说："我幼时无力进学，长大时必须做工谋生，也没有机会接受正式教育，像我这样一个身无专长的人，永远感觉只有刻苦耐劳才能弥补自身的不足。而且，出身在一个近乎赤贫的环境中，如果不能刻苦耐劳简直就无法生存下去。直到今天，我还常常想，生活的困苦也许是上帝对我的恩赐。"

------------ ·男孩应该懂得的道理· ------------

成由节俭，败由奢。仔细思考一下，你是否已经理解这句话的深意了呢？很多名人、伟人的故事都告诉我们，从小养成勤俭节约的好习惯，这将是我们终生享用不尽的宝贵财富。

做个有完美性格的男孩

知识点链接

王永庆

台塑集团董事长王永庆在台湾是一个家喻户晓的传奇式人物。王永庆出生于一个贫困的家庭，父亲以种茶为生。小学毕业后，作为长子的王永庆为了帮助父亲维持家计，辍学到茶园当杂工，后又到米店做学徒。在米店干了一年之后，王永庆用借来的200元钱做本金自己开了一家小米店，由此开始了艰辛的创业道路。王永庆后来还经营过碾米厂、砖瓦厂、木材行、生产PVC塑料粉等等，1954年创办了台塑公司。多年来，在台湾的富豪中王永庆雄居首席，在世界化工业界他居50强之列，是台湾唯一进入世界企业50强的企业。

2008年，王永庆因心肺衰竭在美国新泽西一家医院过世，享年92岁。

男孩品质手册——测试一下你的意志力

每道试题你可按下列情况作出判断。a）很符合自己的情况；b）比较符合自己的情况；c）介于符合与不符合之间；d）很不符合自己的情况。

1. 我很喜爱长跑、远足、爬山等体育运动，但并不是因为我的身体条件适合这些项目，而是因为这些运动能够锻炼我的体质和毅力。

2. 我给自己订的计划，常常因为主观原因不能如期完成。

3. 如没有特殊原因，我每天都按时起床，从不睡懒觉。

4. 我的作息没有什么规律性，经常随自己的情绪和兴致而变化。

5. 我信奉"凡事不干则已，干则必成"的格言，并身体力行。

6. 我认为做事情不必太认真，做得成就做，做不成便罢。

7. 我做一件事情的积极性，主要取决于这件事的重要性，即该不该做；而不在于做这件事情的兴趣，即不在于想不想做。

8. 有时我躺在床上，下决心第二天要干一件重要事情，但到第二天这种劲头又消失了。

9. 在学习和娱乐发生冲突的时候，即使这种娱乐很有吸引力，我也会马上决定去学习。

10. 我常因读一本引人入胜的小说或看一出精彩的电视节目，而不能按时入睡。

11. 我下决心办成的事情（如练长跑），不论遇到什么困难（如腰酸腿疼），都坚持下去。

12. 我在学习和工作中遇到了困难，首先想到的就是问问别人有什么办法。

13. 我能长时间做一件重要而枯燥无味的工作。

14. 我的兴趣多变，做事情常常是"这山望见那山高"。

15. 我决定做一件事时，常常说干就干，决不拖延或让它落空。

16. 我办事喜欢拣容易的先做，难的能拖则拖，实在不能拖时，就赶时间做完算数，所以别人不大放心让我干难度大的工作。

17. 对于别人的意见，我从不盲从，总喜欢分析、鉴别一下。

18. 凡是比我能干的人，我不大怀疑他们的看法。

19. 遇事我喜欢自己拿主意，当然也不排斥听取别人的建议。

20. 生活中遇到复杂情况时，我常常举棋不定，拿不了主意。

21. 我不怕做我从来没有做过的事情，也不怕一个人独立负责重要的工作，我认为这是对自己很好的锻炼。

22. 我生来胆怯，没有十二分把握的事情，我从来不敢去做。

23. 我和朋友、家人相处，很有克制能力，从不无缘无故发脾气。

24. 在和别人争吵时，我有时虽明知自己不对，却忍不住要说一些过头话，甚至骂对方几句。

25. 我希望做一个坚强的、有毅力的人，因为我深信"有志者事竟成"。

26. 我相信机遇，很多事实证明，机遇的作用有时大大超过个人的努力。评分原则

在上述26道试题中，凡逢单数的试题（1、3、5、7、9、……），a、b、c、d、e依次为5、4、3、2、1分。凡逢双数的试题（2、4、6、8、10……），a、b、c、d、e依次为1、2、3、4、5分。

26道试题的总得分，如果在：110分以上，说明你的意志很坚强；91－110分，说明你意志较坚强；51－70分，说明你的意志比较薄弱；50分以下，说明你的意志很薄弱。

第六章

克服人性的弱点,让男孩屡战屡胜

一些人性的弱点,每个男孩身上都不可避免地会有一些,如贪婪、自大、骄傲自满、得过且过……这些弱点无论大小,都会影响你做事的态度和情绪,并决定着你是否会最终成功。

一个男孩,是否能成为了不起的男子汉,其分水岭也恰恰就在此处。勇敢战胜自己的弱点,弱点就会渐渐离我们而去,我们身上才会闪耀出夺目的光彩。

男孩克服弱点图释

● 不草率、不盲目，把问题搞明白，思考清楚后再行动。

解说语：一次深思熟虑，胜过百次草率行动。凡事切不可草率盲目，必须三思而后行，因为只有这样才能赢得成功。

● 正确看待自己，正确评价自己，不做没有自知之明而又自负的傻瓜。

解说语：暂时的不完美并不可怕，可怕的是人没有自知之明，还自认为了不起。谦虚使人进步，自负使人止步不前、自毁形象、自取灭亡。

● 不占小便宜，不相信"天上会无端掉下馅饼"的鬼话。

解说语：有人总相信天上会掉馅饼，其实掉下来的往往不是馅饼，而是铁饼。许多骗子就是利用一些人爱占小便宜的心理，编织谎言，使用低级手段，让人上当受骗的。

● 积极进取，勤奋好学。

解说语：父母为我们提供的财物再多，总有花光、用尽的一天。但我们自身积极进取的心态以及勤奋好学的习惯是永远都不会消失的，它们才是我们立足社会和未来的基础。

做个有完美性格的男孩

01 拖延是行动的大敌，也是成功的大敌

写作关键词
时间 稍纵即逝 把握时机

有一个猎人带着他的袋子、弹药、猎枪和猎狗出发了。出发前，有人劝他应该把弹药装进枪膛，但猎人很生气地嚷道："废话！难道我以前没有出去过吗？难道天空中就只有一只麻雀吗？我到打猎的地方，得需要一个小时，就是装100回子弹，也有的是时间。"就这样，猎人带着空枪出发了。

这一次，命运女神仿佛在嘲弄他：刚走了一会儿，他就发现水面上密密麻麻地浮着一大群野鸭。毫无疑问，只要他开一枪就能打中六七只，足够他吃一星期。

就在他匆忙装子弹时，一只野鸭叫了一声，整群的野鸭一下子都飞了起来，很快就消失得无影无踪了。更糟糕的是，天突然下起雨来了，猎人浑身都被浇透了。虽然袋子空空如也，但是他也不得不拖着疲惫的脚步回家了。

···········•男孩应该懂得的道理•···········

美国著名成功学家拿破仑·希尔曾经说过："生活就像一盘棋，我们的对手是时间，如果我们拖延行动，就会痛失良机，对手是不容许我们拖延的。"要知道，做事拖延，逾期追赶是一种无尽的痛苦，而如期完成，硕果丰盛则是一种天大的喜悦。

知识点链接

立即行动的 4 个方法

1. 不要等到条件都完美了才开始行动。如果你想等条件都完美了才开始行动，那很可能你永远都不会开始。

2. 做一个行动派要重视实践，而不要只是空想。记住，想法是很重要，但是它只有在被执行后才有价值。一个被付诸行动的普通想法，要比一打被你放着"改天再说"或"等待好时机"的好想法来得更有价值。

3. 用行动来克服恐惧。万事开头难。一旦行动起来，你就会建立起自信，事情也会变得简单。

4. 先顾眼前，把注意力集中在你目前可以做的事情上。不要烦恼上星期应做什么，也不要烦恼明天可能会做什么，你可以左右的时间只有现在。要知道，明天或下周的事经常是永远都不会发生的。

自大是愚者才有的行为

我国汉朝时有一个小国叫夜郎，在今天的贵州省西部，国王名叫多同。在多同的眼里，夜郎是天底下最大的国家。

写作关键词

沾沾自喜　自大　栽跟头

一天,多同骑马带着随从外出巡游,他们来到一片平坦的土地上,多同挥舞着鞭子指着前方说:"看!这一望无际的疆土,都是我的,有哪一个国家能比它大呢?"

随从连忙献媚说:"大王您说的对,天下最大的就是我们夜郎国啊!"多同听了沾沾自喜。

他们又来到一大片高山前,多同仰着头,看着巍峨的高山说:"天下还找得到比这更高的山吗?"

随从连忙应和说:"当然找不到了,天下没有比夜郎的山更高的山了。"

后来,他们来到一条江边,多同跳下马来,指着滔滔江水说:"你们看,这条江有宽又长,这是天下最长、最大的河了。"

随从们没有一个不随声附和,齐声说:"那是肯定的。我们夜郎是天下最大的国家。"

这次出游以后,夜郎国王更加自大起来。

汉武帝时,武帝派使者出使印度,途径夜郎国。夜郎国王多同从没去过中原,根本不知道中原是怎么回事。于是,多同派人将汉朝使者请进部落的帐篷中问道:"汉和夜郎相比,哪个大些?"

汉使者听了多同的问话,不禁哈哈大笑起来,他回答说:"夜郎和汉是无法相比的。汉的州郡就有好几十个,而夜郎的全部地盘还不如汉一个郡大。你说,哪一个大呢?"

多同一听,不禁目瞪口呆,满脸羞愧。

·······**男孩应该懂得的道理**·······

法国著名作家巴尔扎克曾说:"自满、自高自大和轻信是人生的三大暗礁。"对于我们每一个人来说,都应该尽早躲开这样的暗礁,切不可夜郎自大,否则,我们可能就会在这上面栽跟头,甚至会毁掉自己。

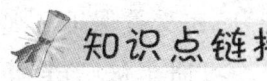

知识点链接

汉朝

汉朝是中国历史上继短暂的秦朝之后出现的朝代,分为西汉(公元前202～公元9年)与东汉(公元25～公元220年)两个历史时期,后世史学家亦称两汉。西汉为汉高祖刘邦所建立,建都长安;东汉为汉光武帝刘秀所建立,建都洛阳。其间曾有王莽篡汉自立的短暂新朝(公元9年～公元23年)。

汉朝是当时东方第一大帝国,与西罗马并称两大帝国,而到汉武帝时期,随着著名的"丝绸之路"的开通,中国一跃成为世界贸易体系的中心。

自己的路需要自己走

有个猎人,一次打猎时碰到了几只刚出生不久的小狮子,就把它们带回家中精心喂养。这几只小狮子慢慢长大了,它们无忧无虑地生活,不愁吃,不愁喝,自在幸福。当然,它们都被关在笼子里,猎人给它们设计的笼子温暖而舒适。尽管刚开始它们还很向往大自然,但是,时间长了,也就乐不思蜀了。渐渐地,猎人开始放松警惕。没想到,一不小心,一只小狮子从笼子里跑了

写作关键词
无忧无虑 保护
独立 不依靠

出去，猎人到处寻找也没有找到。而其它几只呢？还在受着保护。

有一天，那个猎人外出打猎后再也没有回来，习惯了被喂养和保护的小狮子们最后被活活饿死了。而那只当年跑出去的小狮子呢？它已经变成了一只野狮子。它独自在野外时，饿了自己找食吃；渴了自己找水喝；有了伤，它学会了用舌头舔伤口；遇到敌人，它知道怎样保护自己。正是这种独立、不依靠别人的习惯，使它在自然的环境里顺利地活了下来。

·男孩应该懂得的道理·

中国教育家陶行知先生说过："滴自己的汗，吃自己的饭，靠人靠天靠祖上，不算好汉。"的确，我们总有一天会长大，许多事情要自己解决、自己面对，没有人可以陪伴我们一辈子。唯有学会独立，不依赖他人，才能真正成功一生。

知识点链接

陶行知

陶行知，我国著名教育家、思想家、爱国者，一生都在为我国的教育事业奔波劳累。陶行知以生活教育理论为教育思想的核心，提出了"生活即教育"、"社会即学校"、"教学做合一"的三大教育主张，创办了各类新型学校，为我国培养了无数的人才。他被人们尊称为"当今圣人"，还被毛泽东誉为"伟大的人民教育家"。

草率盲目带来的只能是失败的残局

有一对年轻夫妇，彼此很恩爱。然而好景不长，女主人生产时难产而死，只留下一个孩子。男主人忙生活，忙看家，因为没有人帮忙照顾孩子，就训练一只很聪明听话的狗，结果那狗真的就能照顾孩子了，甚至还能咬着奶瓶给孩子喂奶。

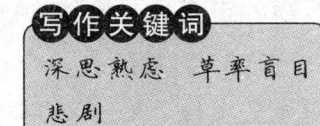

写作关键词
深思熟虑 草率盲目
悲剧

有一天，男主人出门去了，可是他在路上遇到大雪，第二天才赶回家，狗立刻出来迎接主人。他把房门打开一看，到处是血，抬头一望，床上也是血，孩子不见了，狗在身边，满口也是血。主人发现这种情形，以为狗性发作，把孩子吃掉，大怒之下，拿起刀来向着狗头一劈，把狗杀死了。之后，突然听到孩子的声音，又见他从床下爬了出来，于是抱起孩子，虽然身上有血，但并未受伤。他很奇怪，不知究竟是怎么一回事，再看看狗身，腿上的肉没有了，旁边有一只狼，口里还咬着狗的肉。原来，狗舍命与狼搏斗，救了小主人，却被自己的主人给杀掉了。

·男孩应该懂得的道理·

一次深思熟虑，胜过百次草率行动。凡事切不可草率盲目，必须三思而后行，因为只有这样，才能避免很多悲剧的发生。

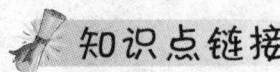

狗的几点习性

狗，亦称"犬"，系由早期人类从灰狼驯化而来，驯养时间在4万年前至1.5万年前，是人类最早驯化的动物，通常被称为"人类最忠实的朋友"。

1. 狗的颈部、背部喜欢被人爱抚。注意尽量不要摸狗的头顶，因为这样会让它感觉到压抑和眩晕。

2. 狗对陌生人的行为准则是根据自己视线的高度来判断对手的强弱。陌生人一靠近，从上面下来的压迫感会使它不安，若采用低姿势，它便会接受你。

3. 狗的弱点在右边，它会为保护右边而行动。当它在被追得走投无路时，会让自己的右侧靠墙，把左侧面对敌人。

4. 狗的社会中也有一定的规则，比如它们绝不攻击倒下露出肚子的对手。狗将肚子朝天躺着睡时表示它很放心或很信任身边的人。

少一分盲目，就多一分成功的可能

某地发生水灾，整个乡村都难逃厄运，村民们纷纷逃生。一位上帝的虔诚信徒爬到了屋顶，等待上帝的拯救。不久，大水漫过屋顶，刚好有一只木舟经过，舟上的人要带他逃生。这位信徒胸有成竹地说："不用啦，上帝会救我的。"木舟就离他而去。片刻之间，河水已没过他的膝盖。刚巧，有一艘汽艇经过，来拯救尚未逃生者。这位信徒却说："不必啦，上帝一定会救我的。"汽艇只好到别的地方救其他的人。

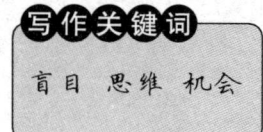

几分钟后，洪水高涨，已到了信徒的肩膀。这个时候，有架直升机放下软梯来拯救他。他死也不肯上飞机，说："别担心我啦，上帝会救我的。"直升机也只好离去。最后，水继续高涨，这位信徒被淹死了。死后，他升上天堂，遇见了上帝。他大骂："平日我诚心为您祈祷，您却见死不救，算我瞎了眼啦。"

上帝听后叫了起来："你还要我怎样？我已经给你派去了两条船和一架飞机。"

---------•男孩应该懂得的道理•---------

对于渴望成功的人来说，盲目是一块凶险的短板，它让你漠视眼前的绝好机会，让你丧失机遇。所以，在它还没有得到伤害你、破坏你、限制你一生的机会之前，你一定要把这一"敌人"置于死地。思维清晰、缜密，不要凭直觉做事，才能不犯一些低级的错误，不陷入无法挽救的境地之中。

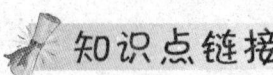

直升机为什么能停在空中

汽车在地面上行驶，要停就停，要走就走，非常自由；可是飞机在天空中飞行，就不能这么自由自在。对于普通飞机来说，这是做不到的。可是，有一种飞机却具有在半空中悬停的本领，它就是直机飞机。直升飞机为什么能够停在空中呢？原来直升机顶部有一组螺旋叶，被称为"旋翼"。每当直升机想要悬停的时候，旋翼就会不停地旋转，给飞机一个向上的力量，这样力与飞机的重力刚好相等，同时，旋翼旋转也不给飞机向前、向后、向左右两侧的作用力，这样飞机就会稳稳地悬停在空中了。

成功，从来都与意志薄弱者无缘

有一次，松下电气公司招聘一批基层管理人员，采取笔试与面试相结合的方法。计划招聘10人，报考的却有好几百人。

写作关键词

意志　坚强　干大事

经过一周的考试，通过电子计算机计分，选出了10位佼佼者。

当松下幸之助将录取者一个个过目的时候，发现有一位成绩特别出色、面试时给他留下深刻印象的年轻人，未在10人之列。这位青年叫神田三郎。于是松下幸之助叫人复查了考试情况。

结果发现，神田三郎的综合成绩名列第二，只因为计算机出了故障，把分数和名次排错了，导致了神田三郎的落选。

松下幸之助立即吩咐纠正错误，给神田三郎发录用通知书。

第二天公司员工转告松下先生一个惊人的消息：神田三郎因为没有被录取而跳楼自杀了。

听到这一消息，松下幸之助沉默了好久。一位助手在旁也自言自语："多可惜，一位这么有才干的青年，我们没有录取他。"

"不，"松下幸之助摇摇头说，"幸亏我们没有录用他，意志如此不坚强的人是干不了大事的。"

·男孩应该懂得的道理·

薄弱的意志力是阻碍我们走向成功的最大绊脚石，通往成功的路途中，每个人都是跌跌撞撞、坎坎坷坷，有的人凭着坚强的意志，怀抱积极的心态，屡败屡战，毫不气馁，终于取得成功；可是意志薄弱的人，经受不起任何的打击，走不出低谷，永远失败。

知识点链接

松下幸之助

日本著名跨国公司"松下电器"的创始人，被人称为"经营之神"。"事业部"、"终身雇佣制"、"年功序列"等日本企业的管理制度都由他首创。松下幸之助只受过4年小学教育，因父亲生意失败，曾离家打工挣钱。在打工的过程中，松下幸之助对电器产生了浓厚的兴趣，并在23岁时建立了"松下电气器具制作所"。尽管当时的环境很艰苦，但松下幸之助凭借不怕吃苦的精神获得了成功，创业7年后，他成为日本收入最高的人。二战到1988年的60多年中，有10年他的收入均为日本第一位，有6年居第二位，1989年他逝世时，留下了15亿多美元的遗产。

做个有完美性格的男孩

07 骄傲自满是一个可怕的陷阱

在一个风景优美、繁密茂盛的森林里，居住着许多动物，不但有狮子、老虎、狼、狐狸等食肉动物，还有蚊子、蜘蛛等这样的小生命。

写作关键词
得意 得意忘形
被胜利冲昏头脑

有一只蚊子，它每天在想："在这个王国中，狮子应该是百兽之王了吧，没有比它更有力更强大的动物了。只要我能把它打败，那么我将会成为森林大帝。"

经过一番认真的准备，这只蚊子终于向狮子宣战了。它扇动着翅膀飞到狮子面前，对狮子说："狮子，我不怕你，你并不比我强大，不信，咱们较量较量。"可惜蚊子的声音太弱小，狮子根本没听见，仍在那儿悠然地闭目养神呢。蚊子见了，气得火冒三丈，用尽吃奶的劲儿对狮子喊道："你这只笨狮子，我们比试比试，看你有什么本事？是用爪子抓，还是用牙咬，我比你强得多。"说着蚊子吹着喇叭鼓足了力气向狮子冲去。

狮子这下可慌了，觉得脸上奇怪痒无比，睁大了眼睛瞧，还是看不清蚊子进攻的方向。蚊子恶狠狠地向狮子的脸上咬去，它专攻狮子鼻子周围没有毛的地方。

狮子左躲右闪，用力晃动着头，张开血盆大口扑向蚊子，只是蚊子小巧灵活，狮子的嘴巴总是落空。狮子气得拼命挥动着爪子，一顿乱抓乱挠，尽管如此，还是没有捉住蚊子。

蚊子高兴极了，向狮子威胁说："快认输，不然我咬死你。"狮子从来没受过这个罪，它怒吼着扑向蚊子，不过很遗憾，又失败了。狮子气得哇哇乱叫，蚊子趁势又朝狮子发动了进攻，叮得狮子用爪子把自己的脸都抓破了。没办法，狮子落荒而逃。

"我赢了。"蚊子得意地吹着胜利的喇叭，唱起欢乐的凯歌飞走了，一边走一边喊："我战胜了狮子，我才是最了不起的，我要当森林之王。"

蚊子得意忘形地飞着，完全忘了四周存在的危险，突然，它自己钻进了一个软软的东西中，身体被粘住了。它挣扎着，想要离开，但是越挣扎粘得越紧，这下它清醒了，原来自己被蜘蛛网粘住了。一只蜘蛛凶光毕露地向它爬来，蚊子完全被胜利冲昏了头脑，并没有意识到自己的险境，它大声地对蜘蛛说："蜘蛛，我刚刚打败了狮子，你快放了我，我不屑和你打仗。"蜘蛛听了冷笑道："蚊子，你别白费力气了，不管你曾经打败过谁，现在都是我的俘虏，吃掉你易如反掌，你将成为一只蜘蛛的晚餐。"

蚊子叹息着说："我同最强大的动物较量过，取得了辉煌的战果，没想到，却败在一只小小的蜘蛛手上。"

·男孩应该懂得的道理·

骄傲自满是要不得的，它会导致盲目自信，结果往往以失败告终。事实上，凡是骄傲自满的人，没有不失败的，这也印证了那句包含着朴素而深刻的真理的话——骄兵必败。

知识点链接

狐狸为什么是最聪明的动物

我们看过的很多书中都把狐狸描写得很聪明，比如"狐假虎威"、"乌鸦和狐狸"、"狐狸，狼和狮子"、"狐狸、驴和狮子"等故事。而事实上，狐狸确实是众多动物中较为聪明的，那这是为什么呢？这和它昂贵的价值有关。

由于狐狸身上每一部分都极具价值，很受人们的青睐，由此也为自己引来了杀身之祸。人们的贪婪使之濒临灭绝，狐狸的生存受到了严重的威胁，于是它们就不断改造自己，让自己适应环境。一个母狐狸产下小狐狸不久便会狠心地把孩子赶走，让它在风雨中自己成长，于是狐狸一代比一代聪明，甚至超过众多动物。

贪心的结果便是什么也得不到

一位富翁家的狗在散步时跑丢了，于是富翁就在当地报纸上发了一则启事：有狗丢失，归还者，付酬金一万元。并附有小狗的一张彩照，充满大半个栏目。

启事刊出后，送狗者络绎不绝，但都不是富翁家的。富翁太太

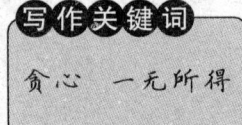

写作关键词

贪心　一无所得

说，肯定是真正捡狗的人嫌钱给的少，那可是纯正的爱尔兰名犬。富翁想想有道理，于是就打电话到报社，把酬金改为2万元。

一位沿街流浪的乞丐在报摊上看到了这则启事，他立即跑回他的窑洞，因为前天他在公园的躺椅上打盹时捡到了一只狗，现在这只狗就在他住的那个窑洞里栓着。果然是富翁家的狗，乞丐第二天一大早就抱着狗出了门，准备去领2万元酬金。当他经过一个小报摊的时候，无意中又看到了那则启事，不过酬金已变成3万元。

乞丐又折回他的窑洞，把狗重新栓在那儿，第四天，悬赏金额果然又涨了。

在接下来的几天时间里，乞丐天天浏览当地报纸的广告栏，当酬金涨到使全城的市民都感到惊讶时，乞丐返回他的窑洞。可是那只狗已经死了，因为这只狗在富翁家吃的都是新鲜牛奶和烧牛肉，对这位乞丐从垃圾筒里捡来的东西根本享用不了。

·男孩应该懂得的道理·

贪心会使人放弃一只鸟去追逐十只鸟，结果一只鸟都不能得到。

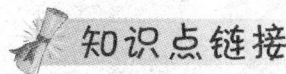知识点链接

"人心不足蛇吞相"的由来

"人心不足蛇吞相"是一个典故，其大意是：

从前有一个很穷的人救了一条蛇的命，蛇为了报答他的救命之恩，于是就答应满足他的一切愿望。这个人一开始只要求简单的衣食，蛇都满足了他的愿望。后来这个人慢慢起了贪欲，要求做官，蛇也满足了他。一直到做了宰相，他还不满足，还要求做皇帝。蛇此时终于明了，人的贪心是永无止境的，于是一口就把这个人吞吃掉了。

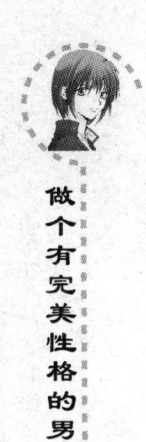

> 所以,蛇吞掉的是宰相,而不是大象。故此,留下了"人心不足蛇吞相"的典故。今天,人们渐渐地把"人心不足蛇吞相"写成"人心不足蛇吞象"来比喻人贪心永远不会满足,就像蛇太贪心想吞食大象一样。

09

拖延会让人一事无成

毕业于西点军校的范德比尔特先生一贯非常准时。在他看来,不准时乃是一种难以宽恕的罪恶。有一次,他与一个请求他帮忙的青年约好,某天早晨的 10 点钟在自己的办公室里

见那位青年,陪那位青年去会见一位火车站站长接洽铁路上的一个职位。但到了那一天,那位青年去见范德比尔特时,比约定的时间竟迟了 10 分钟。所以,当那位青年到达范德比尔特先生的办公室时,范德比尔特先生已经离开了办公室,去出席一个会议了,因此便没有见到。

过了几天,那位青年再去求见范德比尔特先生。范德比尔特先生问他那天为什么失约,那位青年回答道:"呀,范德比尔特先生,那天我是在 10 点 10 分来的。""但是约定的时间是 10 点钟啊。"范德比尔特先生提醒他。

但那位青年仍然支吾着说:"但迟到 10 分钟,应该没有太大关

系吧!"范德比尔特先生很严肃地对他说:"谁说没有关系。你要知道,能否准时赴约是件极紧要的事情。就这件事来说,由于你不能准时,就失掉了你所向往的职位。因为就在那一天,铁路部门已接洽了另一个人。而且,我还要告诉你,你没有权利看轻我10分钟的时间,以为我白等你10分钟是不要紧的。老实告诉你,在那10分钟的时间中,我正要应付另外两个重要的约会呢。"

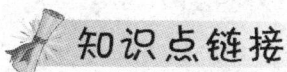·男孩应该懂得的道理·

拖延是一种恶习,它会滋长人的惰性,而惰性一旦形成,人也便失去了成功的动力。动力全无,又何谈成功呢!

知识点链接

火车启动时,为什么要先倒退一下

火车的每节车厢之间连接部分都是有间隙的,先倒退一下,就是要把这个间隙放大,这样,火车启动时,克服的阻力首先是距火车头最近的一节车厢的阻力,然后是第二节的,以此类推,就可以把整列火车的阻力分解开。如果没有这个间隙,火车启动时就要同时克服所有车厢的阻力,那样的话,火车头是拉不动的。

男孩克服弱点手册——战胜人性的弱点

1. **直击懦弱。**

看一些积极励志的书吧!战胜懦弱的最好办法就是在伤口还在滴血的时候,就勇敢地站起来,然后在泪水中微笑。冬天到了,春天还会远吗?失败了,成功还会远吗?

2. **克服嫉妒。**

与其干坐着嫉妒生气,倒不如好好为自己争口气。让自己奋力直追,争取做到"后来者居上"。

3. **远离狭隘心胸。**

树立"我为人人,人人为我"的观念。只有为别人点亮一盏灯,只有先照亮别人,才能够照亮我们自己。

4. **控制贪婪。**

欲望和能力之间必须成正比,要不然会成为累赘。不要被金钱、地位、名誉等所迷惑,身安不如心安,心宽强过屋宽。

5. **战胜刚愎自用。**

不要轻易否定别人的看法,要善于发现别人见解的独到性。

6. **战胜自卑。**

回忆自己以前成功的方面,这可以调节你的心情,增强你的信心,从而产生向一切困难挑战的勇气。与其欣赏别人,不如欣赏自己。

7. **克服拖延。**

今日事,今日毕,立即行动,不要找借口。

第七章

成功的法则,助男孩的人生更上一层楼

成功,是有法则可循,有真理可依的。

遵循一定的法则,可以让你少走许多弯路,少遇许多荆棘。反之,如果你视法则而不见,势必会绕很多弯路,遇很多荆棘,减缓迈向成功的步伐,甚至与成功无缘。

知晓一些成功的法则,也就掌握了通往成功未来的捷径。

做个有完美性格的男孩

● 善于取他人之长，补自己之短；善于与他人合作，实现共赢。

解说语： 在现代社会，每个人都不可能做到事事精通，只有善于合作才能赢得事业上的成功。一个缺乏合作精神的人，事业上难有建树，也很难在激烈的竞争中立于不败之地。

● 选择决定命运，今日的选择决定明日你将成为什么样的人。

解说语： 不同的选择决定了将来不同的命运。今天的生活是由我们3年前的选择决定的，而今天我们的抉择将决定我们3年后的生活。所以，在人生的十字路口上，要冷静、慎重地做出正确的选择。

● 成功就是每时每刻的全力以赴。

解说语： 假如用了一百分的力气都做不好，何谈只用五十分的力气呢？做事情的时候，只是尽力而为往往还不够，还要全力以赴。为了实现自己的梦想，一个人，必须也只能全力以赴。

◉ 遇事多想几步，做个有远见的人。

解说语： 一个聪明人比一个普通人的高明之处就在于，他总会比别人多想几步。这就好比下棋，有的走一步只能看一步，有的则走一步能看三五步，甚至更多，胜败往往就取决于棋手走一步能预见几步。

走一步，我必须想到接下来的三步。

◉ 要有目标，因为人生就是由一个个或长或短的目标组成的。

解说语： 如果人生没有目标，就好比在黑暗中远征。人生要有目标——一辈子的目标、一个时期的目标、一个阶段的目标、一个年度的目标、一个月份的目标、一个星期的目标、一天的目标……一个人追求的目标越崇高越直接，他进步得就越快。有了崇高的目标，只要矢志不渝地努力，就会成为壮举。

我的长期目标：成为一个事业有成的人。短期目标：这次考试前进两个名次。

做个有完美性格的男孩

01 善于合作，实现共赢

写作关键词
合作 取长补短 竞争
幸福美满 不败之地

从前，上帝出于同情，给了两个快要饿死的人一根鱼竿和一篓鲜活的鱼。一个人要了鱼，另一个人要了鱼竿，两人拿着各自的东西，分开了。

得到鱼的人没走几步，便迫不及待地捡树枝烧火煮鱼。还没等鱼煮熟，他就狼吞虎咽，把鱼吃光了，一点汤也没剩。其实，这人连鱼是什么味都没尝到，因为他吃得太快了。没过几天，这人就因没有食物而饿死了。

选择鱼竿的人一直忍饥挨饿，希望借剩下的力气赶到海边，用鱼竿钓鱼充饥。遗憾的是，这个人还没看到大海，就因体力耗尽而撒手人寰了。

目睹这一切的上帝无奈地叹了口气，决定大发慈悲，再给这两个年轻人一次机会。于是，获得重生的两个人带着上帝赏赐的一篓鱼和一根鱼竿上路了。这次，他们没有立即把东西分掉，而是商定互相合作，一起去寻找有鱼的大海。

在行走的过程中，当他们饿了的时候，就煮一条鱼充饥。经过艰难的跋涉，他们终于来到了海边，这时他们也吃完了最后一条鱼。从此，这两个人成为了渔夫，靠捕鱼为生。几年以后，这两个人成家立业、娶妻生子，过起了幸福美满的生活。

几十年过去了，他们居住的海边人越来越多，俨然成为一个村子。村里的人继承了两人留下的传统，互相协作，取长补短，共同致力于渔村的发展，使得渔村更加美丽富饶。

·男孩应该懂得的道理·

善于合作才能取得事业的成功。尤其在现代社会，一个缺乏合作精神的人，事业上难有建树，也很难在激烈的竞争中立于不败之地。

 知识点链接

为什么海水是咸的

实际上，原始的海水并非一开始就充满了盐分，最初它和江河水一样也是淡水。但是地球上的水在不停地循环运动，每年海洋表面有大量水分蒸发，其中部分水分通过大气运动输送到陆地上空然后形成降水再落到地面上，冲刷土壤，破坏岩石，把陆上的可溶性物质（大部分是各种盐类）带到江河之中，江河百川又回归大海。这样，每年大约有30亿吨的盐分被带进海洋，海洋便成了一个融解盐类的收容所。而在海水的蒸发中，收入的盐类又不能随水蒸气升空，只得滞留在海洋之内。如此周而复始，海洋中的盐类物质越积越多，海水也就变得越来越咸。

做个有完美性格的男孩

02 坏习惯不改，成功将变得遥不可及

亚历山大帝王图书馆发生火灾的时候，馆里所藏图书被焚烧殆尽，但有一本不很贵重的书却得以幸免。有一个能识几个字的穷人，花了几个铜板买下了这本书。书本身不是很有意思，但书页里面却藏着一样非常有趣的东西：一张薄薄的羊皮纸，上面写着关于点铁成金石的秘密。所谓点铁成金石，是一块小圆石，能把任何普通的金属变成纯金。小纸片上写着：这块奇石在黑海边可以找到，但是奇石的外观跟海边成千上万的石头没什么两样。谜底在于：奇石摸起来是温的，而普通的石头摸起来是冰凉的。这个穷人于是变卖了家当，带着简单的行囊，露宿于黑海岸边，开始寻找点铁成金石。

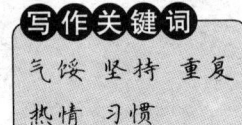

写作关键词

气馁 坚持 重复
热情 习惯

他知道，如果他把捡起来的冰凉的石头随手就扔掉的话，那么他可能会重复地捡到已经摸过的石头，而无法辨认真正的奇石。为防止这种情形的发生，每当捡起一块冰凉的石头，他就往海里扔。一天过去了，他捡的石头中没有一块是书中所说的奇石。一个月，一年，二年，三年……他还是没找到那块奇石。但是，他不气馁，继续捡石头，扔石头……没完没了。有一天早上，他捡起一块石头，一摸，是温的！他仍然随手扔到了海里，因为他已经养成了往海里扔石头的习惯。这个扔石头的动作太具习惯性了。以至于当他梦寐以求、苦苦寻觅的奇石出现时，他仍然习惯性地扔到了海里。

・男孩应该懂得的道理・

习惯的力量是巨大的,有时它甚至会成为阻碍成功的障碍,让你扔掉握在手里的机会。检视一下自己生活和学习中的那些习惯,看哪些习惯会成为阻碍你成功的障碍,然后改正它,切勿被习惯所束缚。

 知识点链接

亚历山大

亚历山大,古代马其顿国王,世界古代史上著名的军事家和政治家。他足智多谋,在担任马其顿国王短短13年的时间里,以其雄才大略,东征西讨,先是确立了在全希腊的统治地位,后又灭亡了波斯帝国,最后建立了一个横跨欧、亚、非3洲的庞大帝国,创下了前无古人的辉煌业绩,促进了东西方文化的交流和经济的发展,对人类社会的进展产生了重大的影响。

遗憾的是,这位功勋卓著的领袖却早早殒命。亚历山大在建立了庞大帝国之后仍不满足,又把远征的步伐迈向了他认为是世界尽头的印度河流域。这次亚历山大遭到了重创,他那坚不可摧的"马其顿方阵"被印度的战象冲得七零八落,只得仓皇撤离。4年后,养精蓄锐的亚历山大准备继续之前的扩张,不幸的是,这时他染上了恶性疟疾,死在巴比伦,享年33岁。

做个有完美性格的男孩

细节决定成败

写作关键词
细节 毫不在乎
挽回 失败

国王理查三世和对手亨利准备决一死战，这场战斗将决定谁来统治英国。

战斗进行的当天早上，查理派了一个马夫去备好自己最喜欢的战马。"快点给它钉掌，"马夫对铁匠说，"国王希望骑着它打头阵。""你得等等，"铁匠回答，"我前几天给国王全军的马都钉了掌，现在我得找点儿铁片来。""我等不及了。"马夫不耐烦地叫道，"国王的敌人正在推进，我们必须在战场上迎击敌兵，有什么你就用什么吧。"

铁匠埋头干活，从一根铁条上弄下四个马掌，把它们砸平、整形，固定在马蹄上，然后开始钉钉子。钉了三个掌后，他发现没有钉子来钉第四个掌了。"我需要一两个钉子，"他说，"得需要点儿时间砸出两个。""我告诉过你我等不及了，"马夫急切地说，"我听见军号了，你能不能凑合？""我能把马掌钉上，但是不能像其他几个那么结实。""能不能挂住？"马夫问。"应该能，"铁匠回答，"但我没把握。""好吧，就这样，"马夫叫道，"快点，要不然国王会怪罪到咱们俩头上的。"

两军交上了锋，查理国王冲锋陷阵，鞭策士兵迎战敌人。"冲啊，冲啊！"他喊着，率领部队冲向敌阵。远远地，他看见战场另一头几个自己的士兵退却了。如果别人看见他们这样，也会后退的，所以查理策马扬鞭冲向那个缺口，召唤士兵调头战斗。

他还没走到一半，一只马掌掉了，战马跌翻在地，查理也被掀翻在地上。

国王还没有抓住缰绳,惊恐的畜牲就跳起来逃走了。查理环顾四周,他的士兵们纷纷转身撤退,敌人的军队包围了上来。

他在空中挥舞宝剑,"马!"他喊道,"一匹马,我的国家倾覆就因为这一匹马。"

他没有马骑了,他的军队已经分崩离析,士兵们自顾不暇。不一会儿,敌军俘获了查理,战斗结束了。

所有的损失都是因为少了一个马钉。于是,从这以后,人们开始传唱着这样一首歌谣:"少了一个铁钉,丢了一只马掌;少了一只马掌,丢了一匹战马;少了一匹战马,伤了一位骑士;伤了一位骑士,输了一场战斗;输了一场战斗,亡了一个国家。"

· 男孩应该懂得的道理 ·

西班牙哲学家巴尔塔沙·格拉西安说:"完成一幅完美的画卷很难,需要每一细节都完美,但只要一个细节没有画好,整幅画卷就会功亏一篑。人生在世也是如此,有时一个细节就会改变你的命运。"这就告诉我们,千万不要对细节毫不在乎,因为有时候一个小小的细节就可能导致一个无法挽回的严重失败。

知识点链接

巴尔塔沙·格拉西安

巴尔塔沙·格拉西安,17世纪西班牙作家、哲学家、思想家。巴尔塔沙·格拉西安创作过许多作品,最有影响力的是《智慧书》。本书汇集了300则绝妙的格言警句,论及识人观事、慎断是非、修炼自我、防范邪恶等处世智慧和谋略。自1647年问世以来,深受读者喜爱,历经几百年时光之淘洗而不衰,而且,它还与《君王论》、《孙子兵法》一同被欧洲学者视为千百年来人类思想史上具有永恒价值的三大智慧奇书。

做个有完美性格的男孩

借助别人的力量，成功会来得更快

写作关键词
借力 别人的力量
弱小 强大

一个小男孩在沙滩上玩耍。他身边有他的一些玩具——小汽车、货车、塑料水桶和一把亮闪闪的塑料铲子。他在松软的沙滩上"修筑公路和隧道"时，发现一块很大的岩石挡住了去路。

小男孩开始挖掘岩石周围的沙子，企图把它从泥沙中弄出去。他是个很小的孩子，而岩石却相大巨大。他手脚并用，用尽了力气，可是岩石却纹丝不动。小手推、肩挤、脚蹬、左右摇晃，一次又一次地向岩石发起冲击。可是，每当他刚把岩石搬动一点点的时候，岩石便又在他稍微放松时重新返回原地。

小男孩气坏了，使出吃奶的力气猛推猛挤。但是，他得到的唯一回报便是岩石滚回来时砸伤了他的手指。最后，他筋疲力尽，坐在沙滩上伤心地哭了起来。

整个过程，小男孩的父亲在不远处看得一清二楚。当泪珠滚过孩子的脸庞时，父亲来到了他的跟前。父亲的话温和而坚定："儿子，你为什么不用上所有的力量呢？"

小男孩抽泣道："爸爸，我已经用尽全力了。"

"不对，"父亲亲切地纠正道，"儿子，你并没有用尽你所有的力量。你没有请求我的帮助。"说完，父亲弯下腰抱起岩石，将岩石扔到了远处。

• 男孩应该懂得的道理 •

钢铁大王安得鲁·卡内基曾预先写好他自己的墓志铭："长眠于此地的人懂得在他的事业过程中起用比他自己更优秀的人。"相信这也正是卡内基成功的秘诀之一——善于借助别人的力量，让弱小的自己变得强大，让强大的自己变得更加强大，使自己的成功更持久。

 知识点链接

安德鲁·卡内基

安德鲁·卡内基，美国钢铁大王，与"汽车大王"福特、"石油大王"洛克菲勒等大财阀的名字列在一起，是当时美国经济界的三大巨头之一。卡内基是一个贫穷的苏格兰移民，出身于匹兹堡的贫民窟，通过白手起家建立了大型钢铁联合企业，且数十年保持世界最大钢铁厂的地位，几乎垄断了美国钢铁市场。卡内基生前曾说过一句话："一个人如果到死还有很有钱，那就是一件可耻的事情。"后来他果真践行了他说过的话，在功成名就之后，他将几乎全部的财富捐献给了社会。纽约著名的卡内基音乐厅是他捐资修建的，匹兹堡的卡内基大学是他建立的，还有遍布世界各地的"卡内基图书馆"。他生前捐赠款额之巨大，足以与死后设立诺贝尔奖金的瑞典科学家、实业家诺贝尔相媲美，由此成为美国人心目中的英雄和个人奋斗的楷模。

做个有完美性格的男孩

05 成功的力量来自竞争对手

写作关键词
竞争对手 拼搏进取 取得进步

1860年大选结束后,有一位叫巴恩的大银行家看见参议员萨蒙·蔡思从林肯的办公室走出来,就对林肯说:"你不要将此人选入你的内阁。"

林肯问:"你为什么这样说?"

巴恩答:"因为他认为他比你伟大得多。"

"哦,"林肯说,"你还知道有谁认为自己比我要伟大的?"

"不知道了。"巴恩说,"不过,你为什么这样问?"

林肯回答:"因为我要把他们全都收入我的内阁。"

事实证明,这位银行家的话是有根据的,蔡思的确是个狂态十足的家伙。不过,蔡思也的确是个大能人,林肯十分器重他,任命他为财政部长,并尽力与他减少摩擦。蔡思狂热地追求最高领导权,而且嫉妒心极重。他本想入主白宫,却被林肯挤了,他不得已而退求其次,想当国务卿,林肯却任命了西华德,他只好坐第三把交椅,因而怀恨在心,激愤难已。

后来,目睹过蔡思种种表现并搜集了很多资料的《纽约时报》主编亨利·雷蒙特拜访林肯的时候,特地告诉他蔡思正在狂热地上蹿下跳,谋求总统职位。

林肯以他那特有的幽默讲道:雷蒙特,你不是在农村长大的吗?那么你一定知道什么是马蝇了。有一次我和我的兄弟在肯塔基老家的一个农场犁玉米地,我吆马,他扶犁。这匹马很懒,但有一段时间它却在地里跑得飞快,连我这双长腿都差点跟不上。到了地头,我发现有一只很大的马蝇叮在它身上,于是我就把马蝇打落了。我的兄弟问我:"为什么要打掉它?"我回答说:"我不忍心让这匹马那样被咬。"我的兄弟说:"哎呀,正是这家伙才使得马跑起来的啊!"

然后,林肯意味深长地说:如果现在有一只叫总统欲的马蝇正叮着蔡思先生,那么只要它能使蔡思的那个部门不停地跑,我就不想去打落它。

· 男孩应该懂得的道理 ·

有人曾说过这样一句话:一匹马如果没有另一匹马紧紧追赶并要超过它,就永远不会疾驰飞奔。同样,一个人如果没有一个与之匹敌的竞争对手,就会不思拼搏进取,永远也不会取得进步。

知识点链接

"感谢敌人"的重要性

一位动物学家对生活在非洲大草原奥兰治河两岸的羚羊进行过研究。他发现东岸羚羊群的繁殖能力比西岸的强,奔跑速度也不一样,每分钟要比西岸的快13米。

对这些差别,这位动物学家百思不得其解,因为这些羚羊的生存环境和类属都是相同的,饲料来源都一样,全以一种叫莺萝的牧草为主。

有一年,他在动物保护协会的帮助下,在东西两岸各捉了10只羚羊,把它们送往对岸。结果,运到西岸的10只一年后繁殖到14只,运到东岸的10只只剩下3只,那7只全被狼吃了。

这位动物学家终于明白了，东岸的羚羊之所以强健，是因为在它们附近生活着一个狼群，西岸的羚羊之所以弱小，正是因为缺少这么一群天敌。

没有天敌的动物往往最先灭绝，有天敌的动物会逐渐繁衍壮大，这是动物世界的一大法则，也是自然界的一条普遍规律。因此，在现实生活中，没有必要过度憎恨你的敌人，若进一步思考一下，你也许就会发现，真正促使你成功让你坚持到底的，真正激励你让你昂首阔步的，真正监督你让你头脑清醒的，不是顺境和优裕，不是鲜花和美酒，不是朋友和亲人，而是困难和挫折、磨难和痛楚、打击和排斥。

感谢那些伤害你的人，因为他磨炼了你的心志；

感谢那些欺骗你的人，因为他增加了你的智慧；

感谢那些中伤你的人，因为他砥砺了你的人格；

感谢那些鞭打你的人，因为他激发了你的斗志；

感谢那些遗弃你的人，因为他教导了你去独立；

感谢那些绊倒你的人，因为他强化了你的双腿；

感谢那些斥责你的人，因为他提醒了你的缺点；

感谢你的敌人吧，是他们给你酿造了一个又一个生命的春天……

成功者决不等待时机成熟

1921年6月2日，是无线电通信诞生整整25周年的纪念日。美国《纽约时报》对这一历史性的发明，发表了一篇简短的评论，其中有这样一句话：现在人们每年接收的信息是25年前的25倍。

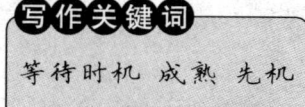

写作关键词
等待时机 成熟 先机

对这一重磅消息，当时在美国至少有16个人做出了敏锐的反应，那就是创办一份文摘性刊物。在接下来的3个月时间里，有16位有先见之明的人士，不约而同地到银行存了500美元的法定资本金，并领取了执照。然而当他们到邮政部门办理有关发行手续时，却被告知，该类刊物的征订和发行暂时不能代理。如需代理，至少要等到第二年的中期选举以后。

得到这一答复，其中15人为了免交执业税，向新闻出版管理部门递交了暂缓执业的申请。只有一位叫德威特·华莱士的年轻人没有理睬这一套。他决定将这项事业进行到底。于是他回到暂驻地，纽约的格林威治村的一个储藏室，和他的未婚妻一起糊了2000个信封，装上征订单寄了出去。

德威特·华莱士寄出去的信收到了回复，订单源源不断地飞来，很多人都向他征订他新创办的文摘刊物——《读者文摘》。到20世纪末，这份刊物已拥有19种文字48个版本，发行范围达127个国家和地区，订户1.1亿万，年收入5亿美元。在美国百强期刊排行

榜上，几十年来一直位居第一。德威特·华莱士夫妇也一跃成为美国著名的富豪。

· 男孩应该懂得的道理 ·

为什么世界上聪明人不少，但成功者却很少呢？这是因为很多聪明人在已经具备了不少可以成功的条件时，仍在苛求更多的捷径，从而失去了机会，而成功者决不等待时机成熟。等待时机意味着失掉先机，失去了最容易获得成功的机会。当你觉得没有任何风险而决定去从事某件事的时候，你已经失去了最佳的时间。

 知识点链接

《读者文摘》

《读者文摘》，美国杂志，创刊者是图书推销员德威特·华莱士。《读者文摘》是当前世界上最畅销的杂志之一，它拥有48个版本，涉及19种语言，并畅销于世界60多个国家。这份每月出刊的杂志文摘风格简明易懂，内容丰富广阔，且多富含恒久的价值和趣味。同时，它还致力于为各个年龄、各种文化背景的读者提供信息、开阔视野、陶冶身心、激励精神。

遇事多想几步，
成功的几率就更大

两个年轻人同时受雇于一家店铺，可是过了不久，叫阿诺德的小伙子晋级加薪，叫布鲁诺的小伙子却仍在原地踏步。布鲁诺对老板的偏心很不满，老板听完他的抱怨后，说："布鲁诺先生，你现在先到集市上去一下，看看今天早上有卖什么的。"

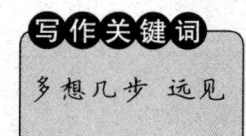

写作关键词

多想几步 远见

布鲁诺从集市回来向老板汇报，说今早集市上只有一个农民拉了一车土豆在卖。

"有多少？"老板问。

布鲁诺赶紧又跑到集市上去看，回来告诉老板一共有40袋土豆。

"价格是多少？"

布鲁诺又跑到集市上去问来了价格。

"好吧。"老板对他说，"现在请你坐到这里，一句话也不要说，看看别人怎么做的。"

老板安排阿诺德到集市上去，看看今天早上有卖什么的。

阿诺德很快就从集市上回来了，向老板汇报说只有一个农民在卖土豆，一共40口袋，价格是每斤1元。土豆质量不错，带了一个来让老板看看。这农民一个钟头后还有几筐西红柿上市，看来价格适宜，这么便宜的西红柿老板可能会购进一些，就把那个农民也带

做个有完美性格的男孩

来了,他正在外面等着回话呢。

老板听后,对布鲁诺说:"现在你知道为什么阿诺德的薪水比你高了吧!"

·男孩应该懂得的道理·

一个聪明人比一个普通人的高明之处就在于,他总会比别人多想几步。这就好比下棋,有的走一步只能看一步,有的则走一步能看三五步甚至更多,胜败往往就取决于棋手走一步能预见几步。有人就曾这样说:"远见告诉我们可能会得到什么东西,远见召唤我们去行动。心中有一幅宏图,我们就从一个成就走向另一个成就,走向更高、更好、更令人快慰的境界。这样,我们就拥有了无可衡量的永恒价值。"

 知识点链接

马铃薯（土豆的学名）的不同称谓

根据马铃薯的来源、性味和形态,人们给马铃薯取了许多有趣的名字。例如:在我国,山东鲁南地区（滕州）叫地蛋,云南、贵州一带称芋或洋山芋,广西叫番鬼慈薯,山西叫山药蛋,安徽部分又叫地瓜,东北各省多称土豆,河北地区叫山药蛋、山药,香港、广州叫薯仔。意大利人叫地豆,法国人叫地苹果,德国人叫地梨,美国人叫爱尔兰豆薯,俄国人叫荷兰薯。鉴于名字的混乱,植物学家才给它取了个世界通用的学名——马铃薯。

成功源于创新

1899年爱因斯坦在瑞士苏黎世联邦工业大学就读时,他的导师是数学家闵可夫斯基。

有一次,爱因斯坦问闵可夫斯基:"一个人,比如我吧,究竟怎样才能在科学领域、在人生道路上,留下自己的闪光足迹,做出自己的杰出贡献呢?"这是一个"尖端"的问题,闵可夫斯基表示要好好想一想再予以解答。

3天后,闵可夫斯基告诉爱因斯坦答案有了。他拉起爱因斯坦就朝一处建筑工地走去,而且径直踏上了建筑工人们刚刚铺平的水泥地面。在建筑工人们的呵斥声中,爱因斯坦被弄得一头雾水,不解地问闵可夫斯基:"老师,您这不是领我误入'歧途'吗?""对、对,正是这样!"闵可夫斯基说:"看到了吧?只有尚未凝固的水泥路面,才能留下深深的脚印。那些凝固很久的老路面,那些被无数人、无数脚步走过的地方,你别想再踩出脚印来……"听到这里,爱因斯坦沉思良久,意味深长地点了点头。

从此,一种非常强烈的创新和开拓意识,开始主导着爱因斯坦的思维和行动。用他自己的话说就是,"我从来不记忆和思考词典、手册里的东西,我的脑袋只用来记忆和思考那些还没载入书本的东西。"

于是,就在爱因斯坦走出校园,初涉世事的几年里,他作为伯

做个有完美性格的男孩

尔尼专利局里默默无闻的小职员，利用业余时间进行科学研究，为人类做出了卓越的贡献，在科学史册上留下了深深的闪光的足迹。

·男孩应该懂得的道理·

一味追随他人的脚步，虽然沿途所遇艰难困苦要少很多，但很显然，最为壮观、新奇、罕见的美景也必将与你无缘。要想有所成就，就必须踏足别人未踏足的领域或敢于创新。

 知识点链接

赫尔曼·闵可夫斯基

闵可夫斯基出生于俄国，父亲是一个成功的犹太商人。因当时的俄国政府迫害犹太人，所以当闵可夫斯基8岁时，父亲就带全家搬到了普鲁士的哥尼斯堡。闵可夫斯基有两个哥哥，大哥在俄国时因为种族歧视，一直没有受正规教育，长大后与父亲一起经商，继承父业成为一名成功的商人。二哥就是发现胰岛素和糖尿病关联的著名医学家奥斯卡·闵可夫斯基，人称"胰岛素之父"。而闵可夫斯基本人则因数学才能出众，早有神童之名，后来更成为优秀的数学家。他们兄弟三人都十分杰出，在哥尼斯堡曾经轰动一时。

成大事只要一点勇气

1865,美国南北战争结束了。一位名叫马维尔的记者去采访林肯,他们有这么一段对话。

写作关键词
勇气 敢为天下先
失败 平庸

马维尔:据我所知,上两届总统都曾想过废除黑奴制,《解放黑奴宣言》也早在他们那个时期就已起草,可是他们都没拿起笔签署它。请问总统先生,他们是不是想把这一伟业留下来,给您去成就英名?

林肯:可能有这个意思吧。不过,如果他们知道拿起笔需要的仅是一点勇气,我想他们一定非常懊丧。

马维尔还没来得及问下去,林肯的马车就出发了,因此,他一直都没有弄明白林肯的这句话里到底是什么意思。直到1914年,林肯去世50年了,马维尔才在林肯致朋友的一封信中找到了答案。在信里,林肯谈到幼年的一段经历:

我父亲在西雅图有一处农场,上面有许多石头。正因为如此,父亲才得以用较低的价格买下它。有一天,母亲建议把上面的石头搬走。父亲说,如果可以搬走的话,主人就不会卖给我们了,它们是一座座小山头,都与大山连着。

有一年,父亲去城里买马,母亲带我们在农场劳动。母亲说,让我们把这些碍事的东西搬走,好吗?

于是我们开始挖一块块石头。不长时间,就把它们弄走了,因

为它们并不是父亲想像那样是山头,而是一块块孤零零的石块,只要往下挖一英尺,就可以把它们晃动。

林肯的信在末尾说,有些事情人们之所以不去做,只是他们认为不可能。而许多不可能,只存在于人的想像之中。

读到这封信的时候,马维尔已是 76 岁的老人,就是在这一年,他正式下决心学汉语。据说 3 年后的 1917 年,他在广州旅行采访,是以流利的汉语与孙中山对话的。

-------------------------------- · **男孩应该懂得的道理** · --------------------------------

林肯和马维尔的经历与经验告诉我们,有时候,要想获得成功,我们需要拥有的,也许仅仅只是一点勇气。是的,勇气是成功的试金石,拥有它,你就能将失败和平庸一一拒之于门外。

 知识点链接

《解放黑奴宣言》

《解放黑奴宣言》是一份由美国总统亚伯拉罕·林肯于 1862 年 9 月 22 日颁布的宣言。在此之前,黑人是农场主的奴隶,没有任何权利和自由。该宣言指出:"1863 年元月 1 日起,凡在当地人民尚在反抗合众国的任何一州之内,或一州的指明地区之内,为人占有而做奴隶的人们都应在那时及以后永远获得自由……"虽然"宣言"颁布后黑人没有得到政治权利,也没有得到土地,但"宣言"的内容表明林肯政府已将限制奴隶制转变为完全废除奴隶制。

成功靠自己

一天，大仲马得知他的儿子小仲马寄出的稿子总是碰壁，便对小仲马说："如果你能在寄稿时，随稿给编辑先生们附上一封短信，或者只写一句'我是大仲马的儿子'，或许情况就好了。"

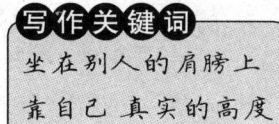

写作关键词
坐在别人的肩膀上
靠自己真实的高度

小仲马固执地说："不，我不想坐在您的肩膀上摘苹果，那样摘来的苹果没味道。"年轻的小仲马不但拒绝以父亲的盛名做自己事业的敲门砖，而且不露声色地给自己取了十几个其它姓氏的笔名，以避免那些编辑先生们把他和大名鼎鼎的父亲联系起来。

面对冷酷无情的一张张退稿笺，小仲马没有沮丧，仍不露声色地坚持创作自己的作品。他的长篇小说《茶花女》寄出后，终于以其绝妙的构思和精彩的文笔震撼了一位资深编辑。这位知名编辑曾和大仲马有着多年的书信来往。他看到寄稿人的地址同大作家大仲马的丝毫不差，怀疑是大仲马另取的笔名。但作品的风格却和大仲马的迥然不同。带着这种兴奋和疑问，他迫不及待地乘车造访大仲马。令他大吃一惊的是，《茶花女》这部作品，作者竟是大仲马名不经传的年轻儿子小仲马。"你为何不在稿子上签你的真实姓名呢？"老编辑疑惑地问小仲马。小仲马说："我只想拥有真实的高度。"

老编辑对小仲马的做法赞叹不已。小仲马的《茶花女》是根据自己的爱情经历写出来的，出版后，法国文坛书评家一致认为这部作品的价值大大超越了大仲马的代表作《基督山恩仇记》，小仲马一时声誉鹊起。

做个有完美性格的男孩

· 男孩应该懂得的道理 ·

每个人都渴望成功,追求成功,但成功必须是来自于自己的追求,而不是站在父母的声名之上得来。

 知识点链接

小仲马

小仲马是法国著名小说家大仲马的儿子,受父亲的影响,小仲马也热爱文学创作,并且和他父亲一样勤奋,成为法国戏剧由浪漫主义向现实主义过渡期间的重要作家。小仲马的作品《茶花女》一经问世便引起社会的强烈反响,并被译成多国文字在世界上广泛流传。大仲马很为有小仲马这样的儿子而自豪,传说曾经有人问大仲马一生中最得意的作品是哪部,大仲马自豪地回答:小仲马。

11

成功从小事开始

有一位青年在美国某石油公司工作,他所做的工作连小孩都能胜任,就是巡视并确认石油罐盖有没有自动焊接好。

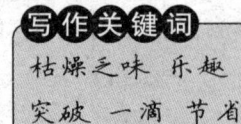

写作关键词
枯燥乏味 乐趣
突破 一滴 节省

当石油罐在输送带上移动至旋转台上时,焊接剂便自动滴下,沿着盖子回转一周,作业就算结束。他每天如此，反复好几百次地注视着这种作业。这项工作任谁看起来都是单调机械、枯燥乏味的，然而，此人却在这份了无生趣的工作中找到了乐趣和突破。

经过仔细观察，他发现罐子旋转一次，焊接剂滴落39滴，焊接工作便结束了。他于是接着想，在这一连串的工作中，有没有什么可以改善的地方呢？一天，他突然想到：如果能将焊接剂减少一两滴，是不是能节省成本？

于是，他经过一番研究，终于研制出"38滴型"焊接机。这次发明非常完美，公司对他的评价很高。不久，便生产出这种机器，并运用到实际工作中。虽然节省的只是一滴焊接剂，但"一滴"却给公司带来了每年5亿美元的新利润。

这位青年，就是后来掌管全美制油业95%实权的石油大王——约翰·洛克菲勒。

-------- **·男孩应该懂得的道理·** --------

洛克菲勒曾这样描述他的人生哲学："我成功，是因为对别人往往会忽略的平凡小事特别关注。"的确，考验一个人的能力，在很大程度上就是看他能否把"小事"做深、做透、做好，因为小事往往容易被人忽略，但小事却见水平、出成绩，有时候甚至定胜负。

知识点链接

洛克菲勒

洛克菲勒，美国实业家，美孚石油公司创办人，是美国历史上最富传奇色彩的企业家和慈善家，是世界公认的"石油大王"。世界首富比尔·盖茨把洛克菲勒作为自己唯一的崇拜对象，他曾这样说："我心目中的赚钱英雄只有一个名字，那就是洛克菲勒。"

做个有完美性格的男孩

12 多一点真诚，多一分成功

他的父亲只是一名贫穷的油漆工，仅仅靠着微薄的打工收入供他念完高中。这一年，他有幸被著名的耶鲁大学录取了。于是，他决定利用假期，学着父亲的样子做油漆工，来为自己挣够学费。他到处揽活，终于接到了一栋大房子的油漆任务。尽管主人是个很挑剔的人，不过他给的价钱不低，不但能够缴清这一学期的学费，甚至连生活费也都有了着落。

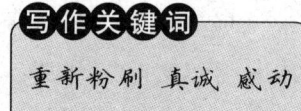

写作关键词
重新粉刷 真诚 感动

这天，眼看着即将完工了。他将橱门板拆下来，又刷了一遍油漆。但就在这时，门铃突然响了，他赶忙去开门，不想却将一把扫帚踢倒了，倒了的扫帚又碰倒了橱门板，而这块橱门板又正好倒在了昨天刚刚粉刷好的一面雪白的墙壁上，墙上立即有了一道清晰可见的漆印。他立即动手把这条漆印用切刀切掉，又调了些涂料补上。等调料被风吹干后，他左看右看，总觉得新补上的涂料色调和原来的墙壁不一样。想到那个挑剔的主人，为了那即将得到的酬劳，他觉得应该将这面墙壁再重新粉刷一遍。

终于，他累死死活地干完了，可第二天一进门，他又发现昨天新刷的墙壁与相邻的墙壁之间的颜色出现了一些色差，而且越是细看越明显。最后，他决定将所有的墙壁再次粉刷。

最后，就连那个挑剔的主人也对他的工作很满意，付足了他的酬劳。但是这些钱对他来说，除去涂料费用，已经所剩无几了，根本不够交学费。

屋主的女儿不知怎么知道了事情的原委,便将事情告诉了她的父亲。她父亲知道后很是感动,在女儿的要求下,同意赞助他上完大学。大学毕业后,这个年轻人不但娶了这个屋主的女儿为妻,而且还走进了屋主所拥有的公司。十多年后,他成为了这家公司的董事长。他就是拥有世界上千家沃尔玛零售超市的富商——山姆·沃尔顿。

·男孩应该懂得的道理·

有人曾问过山姆·沃尔顿成功的秘诀是什么,他只是笑了笑说:"没有什么,我只是比别人多用了一点诚心来做事罢了。"看似简单一句话,却道出了获取成功的关键所在,那就是做人要真诚。

 知识点链接

山姆·沃尔顿

山姆·沃尔顿是沃尔玛百货公司的创始人。他于20世纪50年代创业起家,在一家小杂货店的基础上创办了沃尔玛连锁百货公司;到20世纪70年代沃尔玛已经成长为全美最大的区域性零售公司;就在他去世的前一年(1991年),沃尔玛已跃居全美乃至全球零售的榜首。

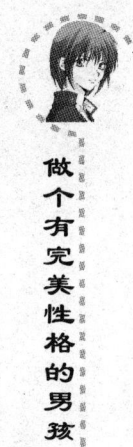

做个有完美性格的男孩

13 成功是每时每刻的全力以赴

前任美国国务卿鲍威尔并非出身名门望族，家道寒微，但年轻时的鲍威尔却胸怀大志。为帮补家计，他凭借自己壮硕的身体，做过各种繁重的体力工作。

写作关键词
毫无怨言 全力以赴

有一年夏天，鲍威尔在一家汽水厂当杂工。除了洗瓶子外，老板还让他抹地板、搞清洁，等等。对此，他毫无怨言，反而更加认真地去干。一次，有人在搬运产品时打碎了几十瓶汽水，弄得车间里满是玻璃碎片和汽水泡沫。按常规，这是要弄翻产品的工人清理打扫的。老板为了节省人工，要干活麻利爽快的鲍威尔去打扫。当时他有点气恼，打算发脾气不干，但一想，自己是厂里的清洁杂工，这也是分内的活儿。于是，鲍威尔尽力地把满地狼藉的赃物打扫得干干净净。

过了两天，厂负责人通知他：他被晋升为装瓶部主管了。自此，他记住了一条真理：凡事全力以赴，总会有人注意到你。

不久，鲍威尔以优异的成绩考进了军校。后来，鲍威尔更荣任美国参谋长联席会议主席，衔领四星上将。后来又曾膺任北大西洋公约组织、欧洲盟军总司令等要职。到了 2000 年 12 月，他甚至被总统任命为国务卿。

无论处在何种位置，鲍威尔一直在全力以赴地工作着，在五角大楼上班时，这位四星上将往往是最早到办公室又是最迟下班的。

同僚们曾赞赏说:"我们的黑将军,无处不身先士卒!"

据说,西点军校已将鲍威尔的故事列为教育学员"凡事都要全力以赴"的活教材。

——————·男孩应该懂得的道理·——————

假如用了一百分的力气都做不好,何谈只用五十分的力气呢?做事情的时候,只是尽力而为往往还不够,还要全力以赴。为了实现自己的梦想,一个人,必须也只能全力以赴。

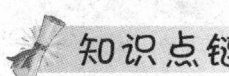知识点链接

西点军校

西点军校是美国第一所军事学校,与英国桑赫斯特皇家军事学院、俄罗斯伏龙芝军事学院以及法国圣西尔军校并称世界"四大军校"。西点军校号称"美国将军的摇篮",许多美军名将如格兰特、罗伯特·李、艾森豪威尔、巴顿、麦克阿瑟、布雷德利等均是该校的毕业生。西点军校还是各界"明星"的"造工厂",军火大王亨利·杜邦、国际银行主席奥姆斯特德、第一个在太空行走的宇航员怀特、天才画家詹姆斯·A·M·惠斯勒等人也是西点军校培养出来的人才。总而言之,西点军校就是造就人才的地方,也正因如此,才使得无数有志青年义无反顾地争取奔赴西点。

做个有完美性格的男孩

14 成功，需要冒险

拿破仑7岁那年，科西嘉岛下了一场暴风雪。大雪刚刚停了的时候，拿破仑便请求父亲带自己出去散步。父亲刚开始不同意，因为担心雪地里有危险，但是儿子却说："爸爸，如果你不答应陪我一起去，那我只好自己去了。"

写作关键词
风险 规规矩矩
独辟蹊径

经不住儿子的再三请求，又担心儿子真的一个人出去散步遇到危险，父亲只得勉强答应了儿子的请求。

当他们打开门，发现雪地上已经不知被谁扫出了一条小道。出来散步的人们都规规矩矩地顺着这条路缓缓走过。当拿破仑和父亲走出来的时候，父亲对他说："孩子，爸爸走在前面，你跟在后面，知道吗？顺着这条小路走。"

拿破仑点点头，勉强答应了。

但没过一会儿，拿破仑就对那条小路没有兴趣了。于是，他悄悄地走到雪地里去了。

父亲看到他的举止后，严厉地呵斥道："快回来，别人没有走过的路有危险，雪地这么深，摔倒了可怎么办啊？"

拿破仑却用稚嫩的声音回答道："爸爸，你看，我并没有摔倒。你看，我的身后已经有一条路了呢。"

父亲仔细一看，果然在儿子的身后留下了一串小小的脚印。而自己身后，却依旧是那条别人走过的路，没有留下任何自己的痕迹。

· 男孩应该懂得的道理 ·

平庸与出色的区别就在于，平庸的人总是习惯选择一条安稳的路，不希望遇到什么风险；而出色的人却喜欢开辟自己的疆土，不害怕风险，愿意在人生之中走出一条自己的路。

 知识点链接

科西嘉岛

科西嘉岛位于法国东南部的地中海上，形状如鸡蛋，是法国的最大岛和地中海第四大岛。科西嘉岛是法国外海的人间天堂，每年有很多人来此旅游度假。而科西嘉岛之所以如此受游人的欢迎，一方面是这里的自然风光旖旎，另一方面是这里是欧洲著名的历史英雄拿破仑·波拿马诞生的地方，这个地方因为拿破仑一举成名。

想击败对手，就必须使自己变得更强大

一位搏击高手参加锦标赛，自以为稳操胜券，一定可以夺得冠军。

出乎意料的是，在最后的决赛中，他遇到了一个实力相当的对手，双方竭

写作关键词
使自己更强　战胜对方

尽全力出招攻击。当对打到了中途，搏击高手意识到，自己竟然找不到对方招式中的破绽，而对方的攻击却往往能够突破自己防守中的漏洞。

比赛的结果可想而知，搏击高手惨败在对方手下，也失去了冠军的奖杯。他愤愤不平地找到自己的师父，一招一式地将对方和他搏击的过程，再次演练给师父看，并请求师父帮他找出对方招式中的破绽。他决心根据这些破绽，苦练出足以攻克对方的新招，决心在下次比赛时，打倒对方，夺回冠军的奖杯。

师父笑而不语，在地上画了一条线，要他在不能擦掉这条线的情况下，设法让这条线变短。搏击高手百思不得其解，怎么会有像师父所说的办法，能使地上的线变短呢？最后，他无可奈何地放弃了思考，转向师父请教。

师父在原先那道线的旁边，又画了一道更长的线。两者相比较，原先的那道线，看来变得短了许多。

师父开口道："夺得冠军的关键，不仅仅在于如何攻击对方的弱点，正如地上的长短线一样，只有你自己变得更强，对方就如原先的那条线一样，也就在相比之下变得较短了。如何使自己更强，才是你需要苦练的根本。"

------------ **·男孩应该懂得的道理·** ------------

想击败对手，就必须使自己变得更强大，而不是苦心去寻找对手的弱点。如果你强大了，对手也就会相应的变得弱小了。

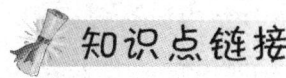 知识点链接

锦标赛

　　锦标赛亦称"单项锦标赛"、"冠军赛",运动竞赛的一种,是为检查某一单项运动发展情况和训练成绩定期举行的比赛。排名在一定水平的人才可以参加锦标赛,而且每个国家的选手数量都有限制。

　　锦标赛分为世界锦标赛和国家锦标赛两种。世界锦标赛由各国运动项目的国际组织定期举行,国家锦标赛由国家主管体育运动的机关或各项运动的全国性协会定期举行。

 16

成功的道路是目标铺出来的

写作关键词：明确的目标　行动的动机　努力实现

　　心理学家曾经做过这样一个实验:

　　组织3组人,让他们分别向着10公里以外的3个村子进发。

　　第一组的人既不知道村庄的名字,也不知道路程有多远,只告诉他们跟着向导走就行了。刚走出两三公里就有人叫苦;走到一半的时候,有人几乎愤怒了,他们抱怨为什么要走这么远,何时才能走到头,有人甚至坐在路边不愿走了;越往后走,他们的情绪就越低落。

　　第二组的人知道村庄的名字和路程有多远,但路边没有里程碑,只能凭经验来估计行程的时间和距离。走到一半的时候,大多数人想知道已经走了多远,比较有经验的人说:"大概走了一半的路程。"于是,大家又簇拥着继续向前走。当走到全程的四分之三的时候,大家的情绪开始低落,觉得疲惫不堪,而路程似乎还有很长。当有人说"快到了!""快到了!"时,大家又振作起来,加快了行进的步伐。

　　第三组的人不仅知道村子的名字、路程,而且公路旁每一公里就有一块里程碑。人们边走边看里程碑,每缩短一公里大家便有一小阵的快乐。行进中他们用歌声和笑声来消除疲劳,情绪一直很高涨,所以很快就到达了目的地。

　　心理学家最终得出了这样的结论:当人们的行动有了明确的目标,并能把自己的行动与目标不断地加以对照,进而清楚地知道自己的行动速度与目标之间的距离时,人们行动的动机就会不断得到维持和加强,就会自觉地克服一切困难,努力实现目标。

·男孩应该懂得的道理·

　　人生没有目标,就好比在黑暗中远征。人生要有目标:一辈子的目标、一个时期的目标、一个阶段的目标、一个年度的目标、一个月份的目标、一个星期的目标、一天的目标……一个人追求的目标越崇高越直接,他进步得就越快。有了崇高的目标,只要矢志不渝地努力,就会成为壮举。

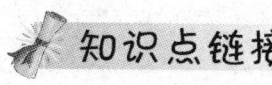知识点链接

里程碑

里程碑指的是标志公路及城市郊区道路里程的碑石,每一公里设一块,用以计算里程和标志地点位置。里程碑通常设置在道路的右侧,因道路的类型不同,里程碑的颜色也不一样,比如国道为白底红字,省道为白底蓝字,县道为白底黑字。

里程碑还有另外一个意思,用来比喻在历史发展过程中可以作为标志的大事。如申奥成功是中国体育事业上的一个里程碑,阿姆斯特朗登上月球是全世界人类登月的第一个里程碑。

男孩成功手册——成功的五大要素

1. 梦想。

梦想是成功的一个重要因素,生活中一切成功的源泉就在于一个人的梦想和实现梦想的决心。

2. 目标。

有目标,就有方向,当强烈的梦想促使了明确目标的形成,成功也就指日可待了。

3. 计划。

只有梦想,没有计划,这只是空想。在有了梦想和目标后,就应当制定计划。人生犹如长途旅行,如果你不知道自己将要去向何方,你就无法制定你的行程计划,明确的目标、详尽的计划是成功步骤中的重要部分。

4. 行动。

无论多么强烈的梦想,多么明确的目标,多么周密的计划,如果不付诸行动,最终会像水蒸汽一样消失得无影无踪。

5. 信念。

信念支持着我们的行动,给予我们面对一切困难的勇气。当你相信了自己的能力,凭着坚定的信念,你的命运就能真正掌握在自己手中。

第八章

高情商，让男孩广交天下朋友

情商又称情绪智力，是与智力和智商相对应的概念，它主要是指人在情绪、情感、意志、耐受挫折等方面的品质。

现在心理学家们普遍认为，情商水平的高低对一个人能否取得成功有着重要的影响作用，有时其作用甚至要超过智力水平。

前微软全球副总裁李开复就曾说："在任何领域里，情商的重要性都是智商的两倍，在成功的层面上，情商比智商重要9倍。"

做个有完美性格的男孩

● 希望别人怎样待你,你就怎样待别人。

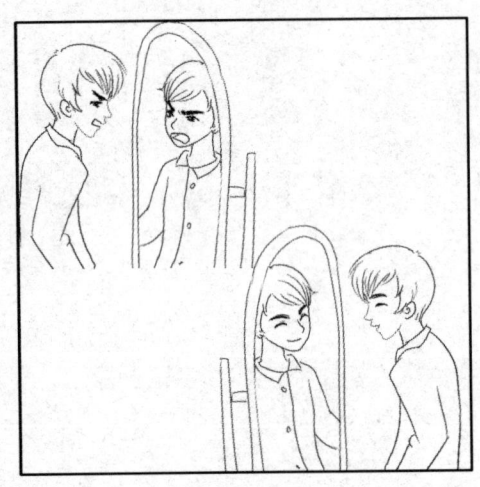

解说语:与他人相处就犹如照镜子,你微笑,别人也会对你微笑;你横眉冷对,别人也会对你横眉冷对;你不真诚,别人也不会对你真诚……

● 懂得付出,为将来储蓄人脉。

解说语:我们不是提倡为了将来的某些利益而去讨好某个人,只是想说明人际往的一个最基本原则:有付出才会有收获。付出是可以储蓄的,你真诚地帮助过他人,你付出的真情会不断在他人心中沉淀,有一天当你需要帮助时,他人会毫不犹豫地回报你。

● 懂得分享，才会收获更多。

解说语：假如你有5个苹果，把其中4个分给了别人，表面上你失去了4个苹果，但实际上你却得到了其他4个人的友情和好感，以后还可能得到更多。

● 即使自己取得了很大成就，也要以虚怀若谷的态度对待他人。

解说语：越是名声显赫、德高望重的人，越不把自己"当回事"，他们会认为自己只是普普通通的人。正如美国的一位著名心理医师所说："谦虚是真正的自知之明，凡是认清自己、了解自己的人，表现于外一定十分谦逊。"我们应记住这样的道理，即使真的做出了很大成就，也不要觉得自己了不起。

做个有完美性格的男孩

01 仁爱无价

这是发生在英国的一个真实故事。

写作关键词：仁爱之心 金钱 昂贵

有位孤独的老人，无儿无女，又体弱多病。他决定搬到养老院去。老人宣布出售他漂亮的住宅。购买者闻讯蜂拥而至。住宅底价8万英镑，但人们很快就将它炒到了10万英镑。价钱还在不断攀升。老人深陷在沙发里，满目忧郁，是的，要不是健康情形不行，他是不会卖掉这栋陪他度过大半生的住宅的。

一个衣着朴素的青年来到老人眼前，弯下腰，低声说："先生，我也好想买这栋住宅，可我只有1万英镑。可是，如果您把住宅卖给我，我保证会让您依旧生活在这里，和我一起喝茶、读报、散步，天天都快快乐乐的——相信我，我会用整颗心来照顾您！"

老人颔首微笑，把住宅以1万英镑的价钱卖给了他。

-------- · 男孩应该懂得的道理 · --------

人与人之间的交往靠的是情，而非钱。拥有一颗仁爱之心，价值比金钱还昂贵。

知识点链接

英镑

英镑是英国国家货币和货币单位名称。英国虽然是欧盟的成员国，但尚未加入欧元区，故仍然使用英镑。英镑目前占全球外汇储备的第三名，在美元和欧元之后。英镑还是第四大外汇交易币种，在美元、欧元和日元之后。

帮助别人就是帮助自己

一只老鼠透过墙壁上的洞，看见农夫和他的妻子正在打开一个包裹。里面是什么食物呢？当它发现那是一个捕鼠器后，吓呆了。

写作关键词
事不关己　帮助别人帮助自己

老鼠跑到农夫的院子里，发布警告，"这所房子里有一个捕鼠器，这所房子里有一个捕鼠器！"

鸡咯咯的叫着，爪子在地上乱抓，然后头也不抬地说："对不起，老鼠先生，这是你面临的危险，和我没有关系。我不必为此烦恼。"

老鼠又找到猪，告诉它，"这所房子里有一个捕鼠器，这所房子里有一个捕鼠器！"

做个有完美性格的男孩

"非常抱歉,老鼠先生,"猪同情的说,"除了祈祷,我对此无能为力。我一定会为你祈祷的。"

老鼠找到牛。牛说:"老鼠先生,捕鼠器难道会带给我什么危险吗?"最后,老鼠低着头回到房子里,万分沮丧地独自面对农夫的捕鼠器。

当天晚上,房子里发出声响,捕鼠器抓到了猎物。农夫的妻子急忙赶来查看。黑暗中,她没有看见那是一条尾巴被夹住的毒蛇,结果毒蛇咬伤了农夫的妻子。

农夫赶紧把妻子送到医院。

邻居都说,新鲜的鸡汤可以滋补身体,于是农夫把鸡杀了熬汤。农夫妻子的病情一直没有好转,邻居和朋友们纷纷赶来轮流照顾她,为了款待他们,农夫把猪杀了。

农夫的妻子病情恶化,过世了,许多人来参加葬礼,农夫又杀了牛给他们吃,以此为答谢。

院子里只有老鼠仍在万分沮丧地独自面对农夫的捕鼠器。

------------------------------ ·男孩应该懂得的道理· ------------------------------

不要以"事不关己"的旁观者身份去看待发生在周围的事,人与人之间是息息相关的,帮助别人也就是帮助了自己。

 知识点链接

鸡汤的疗效

虽然鸡汤不是治疗感冒的药物,但是它能缓解感冒的症状以及改善人体的免疫功能。这是因为鸡汤能够有效抑制人体内的炎症以及粘液的过量产生,有助于减少鼻腔的堵塞和喉咙的疼痛感,咳嗽的次数也会相对减少。所以,在战胜感冒和流感过程中,鸡汤是一种积极的"非正规军"。

传播爱的人才是幸福的人

一天清晨，在一个平凡得不能再平凡的家庭里，早晨的阳光如利箭般穿透了薄薄的窗纱，射到了墙上，小男孩早早地醒了，但他没作声——他不愿惊醒疲倦的父母，因为他们还在沉沉地酣睡。

写作关键词
传播爱 接力赛 幸福

其实，他的父母早已醒了，只不过他们不愿面对儿子那失望的眼睛，因为今天是11月最后一个星期四——感恩节，但是，他们已经没有能力准备任何的节日的礼品与膳食了。丈夫躺在那里想：若是放下脸皮，去和当地慈善团体联系一下，或许就能分到一只火鸡过节。但他做不到这一点。唉！怎么办呢？几个小时过去了，他们还是硬着头皮起床了。丈夫没有好心情，妻子当然也是唉声叹气的。这一切小男孩看在眼里，心里十分难过，可他又有什么办法呢？穷人的日子就是这样难挨。母亲终于忍无可忍了，俩人终于吵起来："你怎么就不能像别人那样去慈善机构走一趟呢？你不去也行，但你少在我面前耍威风。"丈夫没话说了，是啊，虽然生活很困难，但他觉得去行乞更可怜，他不想被人看不起。

这时，突然一阵有节奏的敲门声响起来。会是谁呢？大家都在猜着，该不会是乞丐吧，我们实在太穷了，根本没有什么能给他呀！男孩跑到门边打开门。门外站着一个高大的男子，他满脸笑容，手里提着齐全的节日膳食，火鸡、罐头应有尽有，全都是过节的必需品。一家人看着他，都愣住了。那人说："这些东西，是一位知道你们有需要的人要我送来的，他希望你们知道，在这个世界上，还有

人在关怀并深爱着你们。

丈夫极力推辞这份厚礼,来人却说:"不要推辞了,我只不过是个跑腿的而已。"他面带微笑,把篮子挎在了小男孩的臂弯里,就转身离去了,轻轻地说:"祝你们感恩节快乐!"这时,在小男孩的心里,油然升起了一种无可名状的神奇感受,这件感恩节的小事让他领悟到人性最可贵的一面,使他觉得人生始终都存在着希望,他发誓日后也要以同样的方式尽力去帮助其他有需要的人。

时光飞逝,转眼他18岁了。他的收入仍然很微薄,但他还是坚持在感恩节那一天买很多食物,但不是为自己过节,而是要兑现孩童时的承诺与心愿。

"当、当、当",同样有节奏的敲门声再次响起,扮成送货员的已经长大的男孩出现在了一户人家的门口。开门的是一位西班牙籍的妇女,她家里有6个孩子,然而无情的丈夫抛弃了她。眼下,她和孩子们正在遭受着断炊之苦。此刻她带着充满戒备的眼神望着来者。

男孩说:"不要害怕,我是来送货的,女士。"之后他拿出了丰盛的节日大餐和佐料,女人惊呆了,立在那里,她身后的孩子们则顿时爆发出了欢快的叫喊声。

女人激动得热泪盈眶,她吻着年轻人的手臂,用蹩脚的英语感动地说:"哦,你一定是上帝派来的。"年轻人腼腆地说:"噢,不,我只是个送货的,是一位朋友要我送来这些东西的。"

随后他递给女人一张小纸条,上边这样写道:"我是你的朋友,希望你们一家人都能过个快乐的感恩节。也希望你们知道,有人在默默地爱着你们。今后你们若是有能力,就请同样将这样的礼物转给其他需要的人。"

当年轻人把食物搬到屋子里时,他的心情格外愉快。当他走在返回家的途中时,那种人与人之间的真情和亲密无间的感受,令他也不禁热泪盈眶。

回想自己年少时的种种悲惨经历,没想到它们竟成了导引自己走向坦途的前奏,指引他用一生的时间去帮助别人。童年时的那个送货人是如此深刻地改变了他的世界观和人生观。他觉得,传播爱的人才是最幸福的人。

几年后,这个年轻人几经风雨,成为美国总统的特别顾问,他就是全球著名的心理励志专家、成功学权威——安东尼·罗宾。

-------- · 男孩应该懂得的道理 · --------

传播爱有时就像一场永不间断的接力赛,接棒的人是幸福的,递棒的人更是乐在其中,一种行为,多人受益。如果你想成为一个心里充满快乐的人,那么,你就不要只是等在原地,有所行动,去做下一个递棒的人吧。

 知识点链接

感恩节

每年11月的第四个星期四,便是美国和加拿大的"美式中秋节"——感恩节。在这天,所有的美国人和加拿大人都会全家团聚在一起,品尝以火鸡为主的感恩节美食,气氛非常温馨。

感恩节的由来和早期美国历史最为密切相关。

17世纪初,英国的清教徒遭到迫害。1620年9月,102名清教徒登上"五月花"号帆船,于12月26日到达了美国的普利茅斯港,准备开始新的生活。然而,这些移民根本不适应当地环境,第一年冬天过后,只有50人幸存。第二年春天,当地印第安人送给他们很多必需品,并教会他们如何在这块土地上耕作。这一年秋天,移民们获得了大丰收,11月底,移民们请来印第安人共享玉米、南瓜、火鸡等制作成的佳肴,感谢他们的帮助,感谢上帝赐予了一个大丰收,大家一起举行了3天的狂欢活动。从此,这一习俗就沿续下来,并逐渐风行各地。1863年,美国总统林肯宣布每年十一月的第四个星期四为感恩节。感恩节庆祝活动便定在了这一天,直到今日。

04 保持低姿态，是人生的大智慧

你知道秦始皇陵兵马俑馆的镇馆之宝是什么吗？是一尊跪射俑。

写作关键词
低姿态 纷争 保全自己
发展自己 成就自己

专家介绍说，这尊跪射俑被称为"兵马俑中的精华"、"中国古代雕塑艺术的杰作"。秦兵马俑坑至今已出土一千多尊兵俑，除跪射俑外皆有不同程度的损坏，需要人工修复。而这尊跪射俑是保存最完整，唯一没有经过人工修复的兵俑。仔细观察这尊跪射，就连衣纹发丝都还清晰可见。

是什么原因使跪射俑经历几千年还得以保存的如此完整呢？

专家说，这得益于跪射俑的低姿态。首先兵马俑坑都是地下道式的土木结构，当顶棚坍塌土木俱下时，高大的立姿俑先顶住土木，低姿态的跪射俑受损害就小一些。其次，跪射俑做蹲跪的姿式，右膝、右足、左足三个支点呈等腰三角支撑上体，重心在下，增强了稳定性，就像地震时专家所说的"救命三角"一样。跪射俑与两足站立的立姿俑相比，不容易倾倒、破碎，因此在经历了两千多年风霜雪月，日晒雨淋后依然完整地呈现在我们的面前。

可见，像跪射俑一样，保持生命的低姿态，就能避开无谓的纷争、意外的伤害，更好地保全自己，发展自己，成就自己。

·男孩应该懂得的道理·

老子说,当坚硬的牙齿脱落时,柔软的舌头还在。柔软胜过坚强,无为胜过有为。学会在适当的时候,保持适当的低姿态,绝不是懦弱和畏缩,而是一种聪明的处世之道,是人生的大智慧、大境界。

 知识点链接

秦始皇陵兵马俑

秦始皇陵位于陕西省西安市以东35公里的临潼区境内,是我国历史上第一个皇帝陵园。据史书记载,秦始皇嬴政从13岁即位时就开始营建陵园,由丞相李斯主持规划设计,大将章邯监工,修筑时间长达38年,工程之浩大、气魄之宏伟,创历代封建统治者奢侈厚葬之先例。秦始皇陵兵马俑坑是秦始皇陵的陪葬坑,是世界最大的地下军事博物馆。1987年,秦始皇陵及兵马俑坑被联合国教科文组织批准列入《世界遗产名录》。我国在兵马俑一号坑址上建成拱形展厅,设立了"秦始皇陵兵马俑博物馆",向中外广大旅游者开放。

做个有完美性格的男孩

05

先伸出友谊之手，别人才会用友谊之手接纳你

猎人在山里迷路好几天了，精疲力竭，饥寒交迫，偶然来到一间小木屋。屋主是个性格怪僻的隐士，传说他对任何闯入者都会心怀敌意。但迫于饥饿，猎人还是走进了禁地。

写作关键词
主动 打招呼 尊重

这时，猎人可以选取下列几种策略：其一，用枪迫使隐士就范，劫夺他的食物，但事后可能要接受法律制裁；其二，隐士可能出手夺枪，进而引发枪战，如果猎人射中隐士，他将被控谋杀罪，如果猎人自己被射中，同样是一场悲剧。

但是，猎人采取的是更聪明的办法：他走向前敲门，等隐士开门，猎人先主动打声招呼，并主动将枪托递给隐士。隐士当然非常惊异，但仍把枪收下了。

"能不能用枪和您换点食物？因为我实在饿得不行了。"猎人说。由于武器在自己手里，隐士感到很安全，同时猎人对他的尊重也使他很高兴。"进来吧！"他邀请猎人进来，为他准备晚餐。饭后，隐士将枪还给猎人，并指引他走出了森林。

·男孩应该懂得的道理·

人与人交往中，主动伸出你的双手，让别人感到友好，别人才会用友好的双手接纳你。

 知识点链接

隐士

隐士，就是隐居不仕之士。"士"，即知识分子；"不仕"，不出名，终身在乡村为农民，或遁迹江湖经商，或居于岩穴砍柴。简言之，隐士就是隐居的人。

中国的隐士，最出名的当数东晋南朝之交的陶渊明，鲁迅先生曾评价"陶渊明先生是我们中国赫赫有名的大隐"。陶渊明二十多岁时开始出仕，但都是些小官，41岁时卸任彭泽县令一职，自此归隐田园。他的那首《饮酒》诗"结庐在人境，而无车马喧。问君何能尔？心远地自偏。采菊东篱下，悠然现南山。山气日夕佳，飞鸟相与还。此中有真意，欲辨已忘言。"便是归隐后所作。

做个有完美性格的男孩

06 只有虚怀若谷的态度，才能受人尊敬

写作关键词

谦虚　尊敬

一个在柏林备受歧视的波兰学生曾去拜访爱因斯坦，请爱因斯坦为他写一封推荐信，使他能够顺利地在柏林求学。问清缘由后，爱因斯坦答应了他的请求，为他起草了一份热情洋溢的推荐信。拿到了推荐信后，满怀感激之情的年轻人又提出了一个请求："能不能给我一张有您签名的相片？"他决定永远记住这个慷慨帮助他的名人。

"好的，"爱因斯坦接着说，"但是你得答应也送我一张有你签名的照片，这样才平等。"

就是这句话改变了这位青年的一生。拿到推荐信后，这个年轻人顺利进入了柏林一所名牌学校。他发奋学习，毕业后成为了爱因斯坦的得力助手，并且以一篇《麦克斯韦场非线性概括》一文名扬天下。他就是后来饮誉物理学界的著名科学家英费尔德。

很多年后，英费尔德回忆起这件事，依然泪流满面："他的话是我前进的强大动力……尽管当时他穿了一件皱皱巴巴的上衣，裤子上还掉了一个纽扣，但是什么都影响不了我对他的无比崇敬。"

·男孩应该懂得的道理·

越是名声显赫、德高望重的人,越不把自己"当回事",他们会认为自己只是普普通通的人。正如美国当代最著名的心理医师、《心灵地图》一书的作者斯科特·派克所说:"谦虚是真正的自知之明,凡是认清自己、了解自己的人,表现于外一定十分谦逊。"我们应记住这样的道理,在一个人还没有做出成绩之前,可不能先觉得自己很了不起。

 知识点链接

阿尔伯特·爱因斯坦

德裔美籍人阿尔伯特·爱因斯坦,世界十大杰出物理学家之一,现代物理学的开创者、集大成者和奠基人,相对论——"质能关系"的提出者,"决定论量子力学诠释"的捍卫者,同时也是一位著名的思想家和哲学家。1921年获诺贝尔物理学奖,1999年被美国《时代周刊》评选为"世纪伟人"。

予人玫瑰，手留余香

一天，甘地坐火车，不小心把自己穿着的一只鞋子掉在铁轨上了。此时，火车已经轰隆隆地启动了，他已不可能下车去捡那只鞋子。旁边的人看到甘地没了一只鞋子，都为他可惜。忽然，甘地弯下身子，把另一只鞋子脱下来，扔出了窗外。

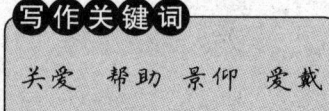

身边的一位乘客看到他这个奇怪的举动，就问："先生，你为什么要这样做呢？"甘地笑了笑，慈祥地说："这样的话，捡到鞋子的穷人，就有一双完好的鞋子穿了。"

·························•男孩应该懂得的道理•·························

一个人能随时随地想到那些需要关爱和帮助的人，他怎么可能不是圣人？正因为如此，甘地这位身材矮小、其貌不扬的东方人才博得了不同民族、不同信仰和不同阶级的人的景仰和爱戴。

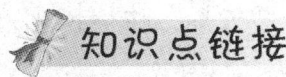

知识点链接

甘地

甘地，被尊称圣雄甘地，是印度民族解放运动的领导人。他带领印度人民迈向独立，脱离英国的殖民统治。他的"非暴力"哲学思想，影响了全世界的民族主义者。正因为他对印度做出的卓越贡献，他在印度被给予"国家的父亲"之荣誉；他的生日，即10月2日，被定为"甘地纪念日"，是印度的国家法定假日，也是国际非暴力不合作运动的纪念日。

接受的同时还要给予

以色列有两个内海——加利利海和死海。

写作关键词
索取 付出 回报
循环 温暖人心

死海在海平面下392米的低处，它的周围是一片无垠的沙漠，对岸则是约旦的领土。死海的水中含有很高的盐分，盐的比重很大，当人们掉进去时，身体会自然浮起而不会淹死。死海的水中无鱼，也没有其它任何生物。

加利利海是一个淡水湖，里面含有很多生物，因耶稣基督曾在此地渔猎而享有盛名。海中盛产一种"圣彼得鱼"，这种鱼虽然外观丑陋，可是肉味鲜美，已成该地名产。加利利海边餐厅林立，都以售圣彼得鱼为主，来游览的旅客们常常因此大饱口福。

加利利海的岸边，老树枝叶茂密，树上百鸟云集，啼声悦耳，真是一个充满生气的美丽世界！

相形之下，死海就没有这么活跃。死海没有任何生物生存在其中，周围也没有半棵树，更听不到鸟儿的歌声。连死海上空的空气，都让人觉得沉重。从来没有一只住在沙漠上的动物，到岸边去喝水。因为如此，人们才会将其命名为"死海"吧。

两者为什么形成如此差别呢？

先哲们的解释是：加利利海不像死海——只知收，而不知出。约旦河流入加利利海后，又流了出来，最终归之死海。

加利利海接受了多少东西，也会给别人多少东西，所以它是活生生的。而每一滴水，到了死海之后，都要被占有。死海把所有的东西都据为己有，只知进而不知出，因此它才会有一片死气沉沉的景象。

·男孩应该懂得的道理·

只是索取而不懂得付出的人，最后就会疲于获得；只有付出和回报的相互循环，才会让人间充满温暖人心的力量。

 知识点链接

淡水湖

人们按湖水矿化度分类（按湖水含盐度的大小），将湖泊分为淡水湖、微咸水湖、咸水湖及盐水湖4类。淡水湖矿化度小于1克/升，微咸水湖矿化度在1~24克/升之间，咸水湖矿化度在24~35克/升之间，盐水湖矿化度大于35克/升。淡水湖之所以盐分很低，是因为它是外流湖，水源可以随时更新补充。

世界上最大的淡水湖群，分布在加拿大和美国交界处，被称为五大湖，分别为苏必利尔湖、休伦湖、密歇根湖、伊利湖和安大略湖。

中国主要的七大淡水湖包括鄱阳湖、洞庭湖、太湖、微山湖、洪泽湖、巢湖、洪湖。

指责只会得罪对方

动物王国的某公司里，狮子经理上任的第一天，便把前任经理的秘书斑马小姐叫到办公室，说："你本身就够胖的，还成天穿着花条纹衣服，一点气质也没有，这样下去有损我们公司的形象。如果你还想当办公室秘书，就得换身衣服来上班。"

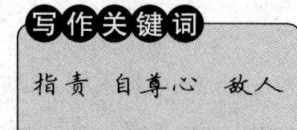

"可是，我……"斑马小姐刚开口解释，狮子经理便恼怒地一挥手，斑马小姐只好含泪地离开了办公室。

狮子又叫来业务员黄鼠狼，并对它说："你是业务骨干，为了体面地面对客户，从今天起，你不准放屁。"

"可是，我……"黄鼠狼刚要解释，狮子经理不耐烦地一挥手，黄鼠狼只好委屈地离开了办公室。

狮子又叫来会计野猪，又嫌它獠牙太长。

第二天，狮子刚走进公司大门，发现公司里冷冷清清，原来公司的员工集体辞职不干了。

·男孩应该懂得的道理·

狮子经理的无端指责，不但没有获得它想要的效果，反而因树敌太多，大家都离开了它，使它成为了"孤家寡人"。我们应该记住狮子的教训，无论是在学校里还是生活中，都不要轻易地指责别人。

指责是对别人自尊心的一种伤害，它只能促使对方奋力维护他的自尊，为自己辩解。即使当时不能，他也会记下你一箭之仇，日后寻机报复。这样一来，你不是为自己树了一个敌人了吗？俗话说："多个朋友多条道路，多个敌人多堵墙。"你树敌太多，就会寸步难行。

 知识点链接

黄鼠狼臭屁的用途

臭屁是黄鼠狼防身的工具。比如当黄鼠狼遭到猎狗紧紧追捕，难以脱身时，在猎狗接近的一瞬间，黄鼠狼会突然施放出一股臭液来，臭味难闻。猎狗常常给臭得发愣，黄鼠狼就乘机溜跑了。

臭屁还是黄鼠狼捕猎的武器。鼠狼喜欢吃刺猬，可刺猬一见到黄鼠狼，就蜷缩成一个球形，来保卫自己。黄鼠狼就选中刺猬的弱点，撅起屁股，对准刺猬头部蜷缩后露出的小孔隙，放上一个臭屁。不一会儿，刺猬就被麻醉了，身子又会重新松散开来，解除了"武装"。黄鼠狼从软弱的腹部进攻，先咬死刺猬，然后吞吃那鲜美的肉。

10

不要只看到自己的长处
而忽略别人的长处

皇帝的御橱里有两只罐子，一只是陶的，另一只是铁的。骄傲的铁罐瞧不起陶罐，常常奚落它。

写作关键词

傲慢　谦虚　懦弱

"你敢碰我吗，陶罐子？"铁罐傲慢地问。

"不敢，铁罐兄弟。"谦虚的陶罐回答说。

"我就知道你不敢，懦弱的东西！"铁罐说着，显出了更加轻蔑的神气。

"我确实不敢碰你，但不能叫做懦弱。"陶罐争辩说，"我们生来的任务是盛东西，并不是用来互相撞碰的。在完成我们的本职任务方面，我不见得比你差。再说……"

"住嘴！"铁罐愤怒地说，"你怎么敢和我相提并论！你等着吧，要不了几天，你就会破成碎片，消失了，我却永远在这里，什么也不怕。"

"何必这样说呢，"陶罐说，"我们还是和睦相处的好，吵什么呢！"

"和你在一起我感到羞耻，你算什么东西！"铁罐说，"我们走着瞧吧，总有一天，我要把你碰成碎片！"

陶罐不再理会。

时间过得真快，世界上发生了许多事情，皇朝覆灭了，宫殿倒

塌了,两只罐子被遗落在荒凉的场地上。历史在它们身上积满了渣滓和尘土,一个世纪连着一个世纪。

许多年以后的一天,人们来到这里,掘开厚厚的堆积物,发现了那只陶罐。

"这里有一只罐子!"一个人惊讶地说。

"真的,一只陶罐!"其他的人都高兴地叫了起来。

大家把陶罐捧起,把它身上的泥土刷掉,擦洗干净,如当年在御橱中的时候完全一样,朴素、美观、珠光可鉴。

"一只多美的陶罐啊!"一个人说,"小心点,千万别把它弄破了。这是古代的东西,很有价值的。"

"谢谢你们!"陶罐兴奋地说,"我的兄弟铁罐就在我的旁边,请你们把它掘出来吧,它一定闷得够难受的了。"

人们立即动手,翻来覆去,把土都掘遍了,但一点铁罐的影子都没有。原来它不知道在什么年代,已经完全氧化,早就无影无踪了。

·男孩应该懂得的道理·

只看到自己的长处而看不到别人的长处,往往会让自己变得傲慢自大而看不起任何人,而这又是社交上的大忌。每个人都有各自的特点,有自己的长处,也有自己的短处。做人贵在有自知之明,既看到自己的长处和短处,又能看到别人的长处,这样才能更好地认识自己,与别人友好地交往。

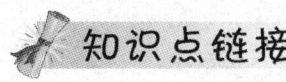

陶器的制作

陶器是一种用黏土烧制的器皿，质地比瓷器粗糙，通常呈黄褐色，也有涂上别的颜色或彩色。在中国，陶器的产生距今已有11700多年的悠久历史。陶器的发明，是人类文明发展的重要标志，是人类第一次利用天然物，按照自己的意志，创造出来的一种崭新的东西。

陶器的大概制造方法如下：

1. 挖取合适的泥巴，加水和浆，放置几天。2. 再和泥巴，使之软硬适中，有足够的延展性。3. 泥巴成形，用模具或徒手把泥巴造成特定形状。4. 阴干泥坯。5. 入窑炉烘烧，控制一定的温度和时间。6. 停炉，降温。7. 出窑，得产品。

男孩情商手册——测试你的情商级别

1. 高情商。

尊重所有人的人权和人格尊严;不将自己的价值观强加于人;对自己有清醒的认识,能承受压力;自信而不自满;人际关系良好;善于处理生活中遇到的各方面问题。

2. 较高情商。

是负责任的好公民;自尊;有独立的人格,但在一些情况下易受到别人焦虑情绪的感染;比较自信而不自满;有较好的人际关系;能应对大多数的问题。

3. 较低情商。

易受他人影响,自己的目标不明确;比低情商者善于原谅,能控制大脑;能应付较轻的焦虑情绪;把自尊建立在他人认同的基础上;缺乏坚定的自我意识;人际关系较差。

4. 低情商。

自我意识差;无确定的目标,也不打算付诸实践;严重依赖他人;处理人际关系能力差;应对焦虑能力差;生活无序;无责任感,爱抱怨。

第九章

好心态，铸就男孩一生的幸福

　　世间万事万物，你可用两种观念去看待，一个是正面的，积极的，另一个是负面的，消极的。

　　积极的心态可使人快乐、进取、有朝气、有精神，消极的心态则使人沮丧、难过、没有主动性。

　　你认为自己是什么样的人，就将成为什么样的人。烦恼与欢喜，成功和失败，仅系于一念之间，这一念即是心态。

 男孩心态图释

● 相信"一切都会好起来",任何时候都要看到事情积极的一面。

解说语:哲学家告诉我们,任何事情都有正反两个方面。同一件事,从正反不同的两方面去看待,结果也会大不相同。习惯盯着事情消极面看的人永远也感受不到世界的美好;而积极的思维则能帮助你轻松地渡过难关。

● 别说"烦死了,烦死了",因为烦恼都是庸人自扰。

解说语:周末的时候,将你认为接下来一周有可能会发生的烦恼写下来,放进烦恼箱里,在下个周末到来之前,打开烦恼箱,看你预测的烦恼发生了多少……那时,你将会惊奇地发现,原来烦恼都没有发生,它们都是庸人自扰。

◉ 从不抱怨，积极寻找解决问题的办法。

解说语：抱怨的作用是什么？第一，浪费时间；第二，使心情越来越糟糕；第三，使事情越来越糟糕……所以，与其抱怨，不如积极去寻找解决问题的方法。

◉ 常想快乐之事，你就会变得很快乐。

解说语：人可以被打败，但不可以被打倒，而快乐则是我们不倒的支柱。然而，快乐却只钟情于有心人——它常常散落于人生的每一天，生活中的每一个角落，稍不留意，就会与我们擦肩而过。所以，快乐也需要我们提着篮子去精心采撷、收集和积累。

做个有完美性格的男孩

01

境由心生

有两个台湾观光团到日本伊豆半岛旅游，路况很坏，到处都是坑洞。为了防止游客摔倒，两个导游都很认真地提醒游客。

写作关键词
心情 烟消云散 欢声笑语 心态

其中一位导游对游客说："这里的路面很糟糕，到处都是坑，大家小心，不要摔倒了，不要踩到洞里。"游客们听了之后自然很小心，眼睛紧盯脚下，小心翼翼地走。有游客不慎踩到洞里，或是摔倒，更是引发一串骂声。一路上，游客的抱怨之声不绝于耳，旅游观光的好心情烟消云散。

而另一位导游却诗意盎然地对游客说："大家注意了，我们现在走的这条道路，正是赫赫有名的伊豆迷人酒窝大道，只有经过暴风雨的洗礼后才有。大家这次来得很巧，可以尽情体会。不过，路上的一些酒窝比较喜欢游客，会用力把你拉到它的怀里，有的还很隐蔽。大家要小心一点，否则就不能和我们一起走了。"游客们听了导游的这一番话，都笑了，放慢了脚步，把眼光瞄向脚下的坑坑洼洼的路面。虽然也走得小心，大部分人的脸上还是带着笑意，没有什么抱怨。

有游客不小心摔倒了，导游过来对他说："您的魅力真大，这酒窝不舍得让您走。"游客们又是一阵大笑，摔倒的游客也笑了，一边走一边说："我可不想与酒窝做伴。"一路上，游客们虽然走得慢，脸上的笑容却没有减少，没有什么人抱怨天气，陪伴着他们一路前行的是幽默的点评和一连串的欢声笑语。还有人这样说："这次旅游增加了一个游览项目——走酒窝大道，很值啊。"

-------------------- ·男孩应该懂得的道理· --------------------

境由心生！一个人是不是能够在平淡的生活中拥有快乐，是不是在遭遇挫折打击之后还能保持热情，是不是能够在坎坎坷坷的人生旅途上有力地奔行，心态不同，过程不同，结果不同。

生活就像镜子，你对着这面镜子灿烂地笑，你得到的就是一个灿烂的世界；你对着这面镜子阴郁地哭，你得到的就是一个灰暗的世界。

 知识点链接

伊豆半岛

伊豆半岛位于日本首都东京的南部，属于静冈县，是关东地区著名的风景旅游圣地。因富士火山带南北贯通伊豆半岛，因而伊豆半岛多温泉，以温泉和海景出名。除此之外，伊豆半岛还有美术馆、主题乐园等众多设施。

日本著名作家川端康成曾以伊豆为背景创作了小说《伊豆的舞女》，并荣获诺贝尔文学奖。也因为作品获奖的原因，提高了伊豆的知名度，许多看过《伊豆的舞女》的人都对伊豆半岛产生了向往，都慕名来到这个地方旅游。

做个有完美性格的男孩

02 心态积极，就成功了一半

一个渔村里住着甲乙两个船长。有人问甲船长为什么要天天出海捕鱼，甲船长一脸无奈地答道："没有办法，为了赚钱和生活呀。"

写作关键词
精神抖擞　无精打采
愁眉不展

但乙船长则精神抖擞神采奕奕地说道："我喜欢海，喜欢它的澎湃汹涌，我每天都在体验大海带给我的欢乐。"

那个人又问乙船长："难道你不是为了养家糊口吗？"

乙船长回答："不，生活只是附带的，因付出而丰收的过程才是最大的成就感。"

乙船长为了逮大鱼，不仅勤修船、编大网，还时常研究水文。他和他的伙伴们，捕鱼量越来越高，几乎每一次都是满载而归。而那无精打采的甲船长，每日愁眉不展，水手们也是士气低落，每日所捕的鱼寥寥无几。

有一天甲、乙船长相约同时出海，这时硕大无比的大鱼出现了。甲船长先看见大鱼，却自认为设备不足，怕鱼撞翻了船，只有眼睁睁地看着大鱼游走。而乙船长准备多时，充满信心地率领士气高昂的水手与大鱼搏斗，经过一番英勇的搏斗，终于齐心协力将大鱼拖回渔村。

·男孩应该懂得的道理·

积极的心态像太阳，灿烂的人生离不了。消极的心态是遮挡阳光的阴云，会打消人的生活热情，打消人的斗志。即使你经常受到

208

阵阵"疾风"的伤害，也不要让自己的心灵里面充满阴云。否则，没有拥抱人生的热情，没有迈步前行的力量，人生的轨迹只会被动地七扭八歪，让你一辈子都在郁郁寡欢中度过。

 知识点链接

为什么鱼不能生活在太清澈的水里

我国有句老话是这样说的："水至清则无鱼"，那为什么鱼不能生活在太清澈的水里呢？这是因为：水太清澈，并且没有夹带杂物时，当然也没有鱼儿赖以为生的浮游生物，如水藻之类的东西，所以鱼儿不可能在那种环境里生存。

没有绝对不好的事情，只有绝对心态不好的人

炎热的天气，在英国一大型教堂里，庄严的牧师正在那里布道，但由于长长的布道和闷热的原因，许多教徒开始变得昏昏欲睡。

写作关键词
昏昏欲睡 精神抖擞 耐性

可是，有一位绅士，他看上去却是精神抖擞。他腰背挺直，正专注地坐在那里听着牧师讲道。

等最终牧师布道完毕,出了教堂时,有个人向这位绅士问道:"先生,每个人都在打瞌睡,为什么你还能听得那么认真呢?"

绅士微笑着说:"老实说,听这样一无可取的讲道,我也很瞌睡。可我忽然想到,我何不拿它来试试自己的耐性呢?看看自己能够忍耐到什么程度?

事实证明,我的耐性非常好。我想,以这种耐心去面对我工作中的各种困难,还有什么是不能解决的呢?所以说,我对今天的讲道感触很深,它对我的好处和启发实在是太大了。"

这位绅士,就是后来鼎鼎有名的英国首相格莱斯顿。

·男孩应该懂得的道理·

纳粹德国集中营的幸存者维克托·弗兰克尔说过:"在任何特定的环境中,人们还有最后一种自由,就是选择自己的态度。"

世界上有许多事情我们是无法改变的,但有一点至少是可以改变的,那就是我们的心态。世上没有绝对不好的事情,只有绝对心态不好的人。

知识点链接

格莱斯顿

格莱斯顿出生在利物浦的一个富商家庭,从小学习成绩优异,后进入牛津大学学习。大学毕业后,格莱斯顿当选政府议员,开始了漫长的政治生涯。格莱斯顿曾作为自由党人4次出任英国首相。任职期间,他政绩卓著,在英国人4次关于十佳首相的评选中,平均排名第3,仅次于温斯顿·丘吉尔和劳合·乔治。

你永远会有两个可能

美国加州有位大学刚刚毕业的年轻人在冬季大征兵中被依法选中,即将到最艰苦也最危险的海军陆战队去服役。

写作关键词
忧心忡忡 担惊受怕
过分担心

这位年轻人自从获悉自己被海军陆战队选中后,便显得忧心忡忡。

在加州大学任教的祖父见到孙子一副魂不守舍的模样,便开导他说:"孩子啊,这没什么好担心的。到了海军陆战队,你将会有两个可能,一个是留在内勤部门,一个是分配到外勤部门。如果你分配到了内勤部门,就完全用不着去担惊受怕了。"

年轻人问爷爷:"那要是我被分到了外勤部门呢?"

爷爷说:"那同样会有两个可能,一个留在美国本土,另一个是分配到国外的军事基地。如果你被分配在美国本土,那没什么好担心的嘛。"

年轻人问:"那么,若是被分配到了国外的基地呢?"

爷爷说:"那也还有两种可能,一个是被分配到和平而友善的国家,另一个是被分配到海湾地区。如果把你分配到和平友好的国家,那也是件值得庆幸的好事呀。"

年轻人问:"爷爷,那要是我不幸被分配到海湾地区呢?"

爷爷说:"你同样会有两个可能性,一个是留在总部;另一个是被派到前线去参加作战。如果你被分配到总部,那又有什么需要担

心的呢?"

年轻人问:"那么,若是我不幸被派往前线作战呢?"

爷爷说:"那同样还有两个可能,一个是安全归来,另一个是不幸负伤。如果你能够安全归来,那担心岂不多余?"

年轻人问:"那要是不幸负伤了呢?"

爷爷说:"也有两个可能,一个是只负了点轻伤,没有任何生命危险;另一个是身受重伤,危及生命安全。如果只是负了点于生命并无大碍的轻伤,那又何必过分担心呢?"

年轻人又问:"那要是不幸身负重伤呢?"

爷爷说:"你同样拥有两个可能,一个是依然能够保全性命,另一个是完全救治无效。如果尚能保全性命,还担心什么呢?"

年轻人问:"那要是完全救治无效怎么办呢?"

爷爷听后哈哈大笑着说:"那你人都死了,还有什么可担心的呢。"

·男孩应该懂得的道理·

无论人生遇到什么样的际遇,都会有两个可能:一个是好的可能,一个是坏的可能。在好的可能中,藏匿着坏的可能,而坏的可能中,又隐含着好的可能。关键是我们以什么样的眼光,什么样的心态,什么样的视角去对待它。如果用乐观旷达、积极向上的心态去看待,那么坏的可能也会成为好的可能;如果用消极颓废、悲观沮丧的心态去对待,那么好的可能也会成为坏的可能。

知识点链接

海军陆战队

海军陆战队在兵科中是一个特别的分支,他们集陆军、海军训练为一体,主要任务是执行强击登陆和保卫海滩的两栖突击。因此,人们这样来形容海军陆战队:陆地猛虎、海中蛟龙。美国是第一个建立海军陆战队的国家,这支队伍在"二战"太平洋战争中,发挥了巨大作用。随后,许多国家也相继建立了这种两栖作战部队。

不为太阳流泪而错过群星

写作关键词

沮丧 伤心 错过

泰戈尔出生在英国殖民统治时期的印度,祖父是大商人兼大地主,属于印度四大种姓中的最高种姓——婆罗门种姓。泰戈尔的父母以及兄弟姐妹都受到了良好的教育,在这种家庭环境的影响下,泰戈尔从小就喜爱读书。

7岁那年,父母将他送到了当地一所按英国制度建立的学校。泰戈尔十分讨厌其中的课程设置以及学习环境,尤其是他在学校里感觉印度人不能受到足够的尊重。因此,他的内心感到极度沮丧。

他的一切表现都被父亲看在眼里。有一天,他便问起泰戈尔在

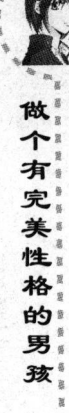

校学习的感受："学得开心吗？"

刚开始，泰戈尔一言不发。后来，他忍不住告诉父亲："爸爸，我觉得那个环境并不适合我。但是您为我交了那么多学费，费了许多的劲才把我送进去，所以我一定会好好学习的。"

父亲听后，并没有生气，反而安慰他说："孩子，你不能因为错过了太阳而伤心，这样只会让你又一次错过群星的。"

就这样，泰戈尔从那所学校里回到了家中。父亲为他请了几位特别有学问的老师，分别教他文学、历史、数学、科学知识等。父亲认为当孩子还小的时候，应该让他学习全部科目的知识，以使他的眼界更加开阔。

17岁那年，泰戈尔听从父亲的建议，漂洋过海来到了英国伦敦大学，开始攻读法律专业。但是经过几个月的学习，他发现自己对法律一点兴趣也没有。他又一次面临着人生的艰难抉择。当时他的祖父已经去世了，而且印度内忧外患，这使得他的家道开始中落，父亲希望他学习法律后回到印度再次光耀门楣。

但此时，他又想起父亲曾说过的："不能因为错过了太阳而伤心，这只会让你再一次错过群星。"于是，他放弃了法律的学习，开始研究西方文化。

历史证明，泰戈尔的果断抉择成就了他的辉煌和充满价值的人生。1905年，他积极投身民族独立运动，并创作了《洪水》、《家庭和世界》等爱国作品。1913年，他以抒情诗《吉檀迦利》而成为亚洲第一个获得诺贝尔文学奖的诗人。

------· **男孩应该懂得的道理** ·------

泰戈尔有句很著名的诗"如果错过了太阳时你流了泪，那么你也要错过群星了"。让我们记住这句诗，当遇到困难、挫折时，一定要擦干眼泪进行果断的抉择，不要让自己留下遗憾。

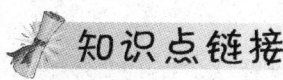

知识点链接

泰戈尔

泰戈尔是印度著名诗人、文学家、作家、艺术家、社会活动家、哲学家，1913年凭借宗教抒情诗《吉檀迦利》获得诺贝尔文学奖，是首位获得诺贝尔文学奖的印度人（也是首个亚洲人）。他与黎巴嫩诗人卡里·纪伯伦齐名，并称为"站在东西方文化桥梁上的两位巨人"。

人不能被打败

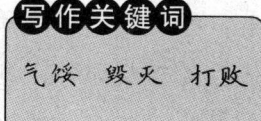

写作关键词：气馁　毁灭　打败

1918年，还未满19岁的海明威一腔热血进入战场。刚开始的两个月，他被分配在意大利担任红十字会车队的司机。一个星期后的某个夜晚，在为意大利士兵们分发食物时，海明威被奥地利的追击炮弹片击中，他身边的两个士兵一死一伤。当他拖着伤兵回到掩护所的途中，又被机关枪击中了膝部。当他们到达掩护所时，伤兵已经死去，海明威的腿上、身上，中了两百多片碎弹片，左膝盖被机关枪打碎。

他住进了米兰的医院，前后动了十几次手术。医生取出了大多数的碎弹片，但还有少数弹片至死都遗留在他的身上。在手术中，

他还被迫换了一个白金膝盖。

这次战争严重摧残了海明威身体，尤其是对他大脑的影响和伤害则更为长远。他开始出现失眠的症状，黑夜里整夜地睡不着觉。

战争结束后，海明威回到家里，开始从事写作。然而，他的父母却对此极为反感，因为他们觉得海明威除了写作无甚爱好，而且十分乐于接受家庭的供养。后来，母亲终于发出最后通告：要么找一个稳定的工作，要么搬出去。于是，海明威只好搬了出去，到芝加哥担任一家报纸的编辑。

一次，当他与一位出版商人谈论出版事宜时，妻子不慎将他的大部分手稿遗失。此事令海明威感到沮丧极了，但他没有气馁，面临种种困难与不幸。他毅然决定重新创作。

苍天不负苦心人。1926年，斯克利布纳公司出版了海明威创作的《太阳照常升起》。他的第一部长篇小说，销路可观，博得一致好评。通过这本书的出版，不到30岁的海明威成为一位知名的文学家。

1942年，《梅里厄》杂志将海明威派往巴顿将军的第三军负责采访任务，他再次参加了战争。有一次，他驾驶的汽车失事，使得他的头部与膝部再次受伤。

伤后的海明威回到美国继续创作，但是那些残留在他体内的弹片却无时不刻不在骚扰着他。在身体和精神的双重压力下，他创作出了《老人与海》这部举世闻名的小说。他借文中主人公之口所说的"人生来不是被打败的，人可以被毁灭，但却不能被打败。"正是他个人生活和工作的真实写照。

男孩应该懂得的道理

多少年来，海明威的这句"人生来不是被打败的，人可以被毁灭，但却不能被打败。"激励了众多的青年人勇敢地克服困难，追求梦想。既然生活在这个世界上，困难与挫折无法避免，那么就站起来，握紧手中的"武器"，勇敢地与命运博弈吧！

知识点链接

海明威

海明威，美国小说家，代表作有《老人与海》、《太阳照常升起》、《永别了，武器》、《丧钟为谁而鸣》等，凭借《老人与海》获得1953年普利策奖及1954年诺贝尔文学奖。海明威被誉为美利坚民族的精神丰碑，并且是"新闻体"小说的创始人，他的笔锋一向以"文坛硬汉"著称。

不要为打翻的牛奶而哭泣

梵高生性善良，对穷人有着深切的同情。年轻时，为了安抚和慰藉世界上那些不幸的人们，他曾自费到一个矿区里去担任教职。他每天和矿工一样吃最差的伙食，并和他们一起睡在地板上。矿井发生爆炸时，他还冒死救出一个严重负伤的矿工。他这种过分认真的牺牲精神使得教会人员感到十分不安，于是撤了他的教职。

被撤了职的梵高心灰意冷，不知道该怎么办。一天，他又在自己的小屋里为自己不幸的遭遇而备感郁闷。此时，一向与他交往密切的表哥从外面走了进来。他将一瓶牛奶放在桌子上，沉默不语。

写作关键词
心灰意冷　备感郁闷
后悔不迭

梵高静静地看着表哥的一举一动,期待着他的下一步行动。突然,表哥一把将牛奶打翻在地。

"你在做什么啊?"梵高十分不解地问道。

"不要为打翻的牛奶而哭泣。我只是想告诉你这个而已。"梵高没有体会到表哥的良苦用心,他无奈地笑了笑。

"现在牛奶瓶已经摔碎了,牛奶也全部都洒光了。无论你怎么后悔和抱怨,都没有任何办法可以将哪怕是一滴牛奶取回来了。但是,如果你想喝牛奶的话,还有别的办法,你可以现在就拿瓶子去奶牛场挤,对不对?"表哥这样解释道。

此时,梵高仿佛意识到了什么。但他静静地等待着表哥的继续发言。

"如果你不是那么的认真,也许牛奶不会打翻,你的教职不会被撤,但是现在已经这样了,还有什么办法呢?你现在能做的,就是好好想想自己究竟想做什么,然后努力去做。呆在这个屋子里面唉声叹气,能有什么用呢?"

在表哥的开导下,梵高认真地思考了一番。最后,他决心一心一意向自己的表哥以及荷兰一些著名的画家学习绘画。

------- ·男孩应该懂得的道理· -------

与其为已经失去的东西而哭泣,不如擦干眼泪继续前行。泰戈尔有句名言"如果你为错过的太阳而哭泣,那么你注定要错过群星了。"因此,当失去一件东西时,最重要的是忘记它的存在,而继续追求还可以追求到的东西。

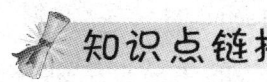

知识点链接

梵高

梵高是荷兰19世纪杰出的画家,是后印象派的代表,是现代艺术的导师和照亮人类艺术史的灯塔。梵高的作品中,现存有油画八百余幅,素描一千余幅,代表作《星夜》《向日葵》等,已跻身于全球最有名、广为人知与昂贵的艺术作品的行列。

请想想那些比我们还不幸的人

兔子的胆小是出了名的,经常受到的惊吓总是像石头一样压在它们的心上。

有一次,众多兔子聚集在一起,为自己的胆小无能而难过,悲叹自己的生活中充满了危险和恐惧。

写作关键词
危险 恐惧 胆小无能
悲叹 伤心

它们越谈越伤心,就好像已经有许多不幸发生在自己身上,而这也就是它们之所以成为兔子的原因。到了这种地步,负面的想象便无止境地涌现出来。它们怨叹自己天生不幸,既没有力气和翅膀,也没有尖利的牙齿,日子只能在东怕西怕中度过,就连想要抛弃一切大睡一觉,也有什么都听得见的长耳朵的阻扰。

它们觉得自己的这种生活是毫无意义的,这又成了它们自我厌

恶的根源。它们都觉得，与其一生心惊胆战，还不如一死了之好。

于是，它们一致决定从山崖上跳下去了结自己的生命，结束一切烦恼。就这样决定了，于是它们一齐奔向山崖，想要投河自尽。这时，一些青蛙正围在湖边蹲着，听到急促的脚步声，如临大敌，立刻跳到深水里逃命去了。

这是兔子每次到池塘边都会看到的情景，但是今天，有一只兔子突然明白了什么，它大声地说："快停下来，我们不必吓得去寻死觅活了，因为我们现在可以看见，还有比我们更胆小的动物呢！"

这么一说，兔子们的心情奇妙地豁然开朗起来了，好像有一股勇气喷涌而出，于是它们欢天喜地回家去了。

·男孩应该懂得的道理·

不要因为我们遭遇的一点不幸，就埋怨命运的不公，其实世界上有很多比我们还不幸的人，它们都能坚强地活下来，我们为什么不能呢？

 知识点链接

兔子的眼睛为什么是红色的

兔子眼睛的颜色与它们的皮毛颜色有关系，黑兔子的眼睛是黑色的，灰兔子的眼睛是灰色的，白兔子的眼睛是透明的。那为什么我们看到小白兔的眼睛是红色的呢？这是因为白兔眼睛里的血丝（毛细血管）反射了外界光线，透明的眼睛就显出了红色。

劣势与优势

有一个10岁的小男孩，在一次车祸中失去了左臂，但是他很想学柔道。

写作关键词：劣势 优势 苦恼

最终，小男孩拜一位日本柔道大师做了师傅，开始学习柔道。他学得不错，可是练了3个月，师傅只教了他一招，小男孩有点不明白大师为什么要这样做。

他终于忍不住发问："我是否应该再学学其它招？"

师傅回答说："不错，你的确只会一招，但你只需要会这一招就够了。"

小男孩并不是很明白，但他很相信师傅，于是就继续照着师傅的教导练了下去。

几个月后，师傅第一次带小男孩去参加比赛。小男孩没有想到自己居然能轻轻松松地赢了前两轮。第三轮稍稍有点艰难，但对手还是很快就变得急躁，并连连进攻，小男孩敏捷地施展出自己的那一招，又赢了。就这样，小男孩顺利地进入了决赛。

决赛的对手比小男孩要高大、强壮许多，也似乎更有经验。小男孩一度显得有点招架不住，裁判担心小男孩会受伤，就叫了暂停，并打算就此终止比赛，然而师傅不答应，坚持说："继续下去！"

比赛重新开始后，对手放松了戒备，小男孩立刻使出他的那一招，制服了对手，由此赢了比赛，得了冠军。

回家的路上，小男孩和师傅一起回顾每场比赛的所有细节，小

男孩鼓起勇气道出了心里的疑问："师傅，我怎么凭一招就能赢得冠军呢？"

师傅答道："有两个原因：第一，你基本掌握了柔道中最难的一招；第二，就我所知，对付这一招惟一的办法就是抓住你的左臂，可是你没有了左臂。孩子，有的时候，人的劣势未必就是劣势，可能反而成了优势。

-----·男孩应该懂得的道理·-----

其实有的时候，劣势未必就是劣势，可能反而成了优势。正如那位失去左臂的小男孩，虽然失去了左臂，在我们看来学习柔道是无论如何也没有前途的，但是由于那位柔道师傅能从孩子的实际出发，因材施教，所以小男孩最大的劣势变成了最大的优势。所以，你没必要为自己的劣势而苦恼，你应该做的是想办法将劣势转化为优势。

知识点链接

柔道

柔道在日语中是"柔之道"的意思，是一种以摔法和地面技巧为主的格斗术。日本素有"柔道之国"的称号，在日本学习柔道的人特别多，不过现在柔道已经在国际上广泛开展起来，越来越多的人加入了练习柔道的队伍中。

20世纪90年代，柔道被列为比赛项目，国际上比较著名的柔道比赛有奥运会柔道比赛、福冈国际柔道锦标赛等。柔道比赛按体重分级别进行，比赛场地因这一运动起源于日本而具有日本风格，即在榻榻米上进行。男女比赛时间为5分钟。比赛时，禁止击打对方，不许用头、肘、膝顶撞对方。除肘关节外，不许对其他关节使用反关节的动作；不许抓头发和生殖器。禁止使用任何可能伤害对方颈椎或脊椎的动作。

10

生活充满了选择，
而生活的态度就是一切

写作关键词
快乐　烦恼　选择

杰瑞是一个快乐的人，他的心情总是很好。每当有人问他近况如何时，他总会回答："我无比快乐。"

如果他看到周围的同事或者朋友心情不好，他就会告诉对方如何让心情好起来。他说："每天早上我起来告诉自己，我今天有两种选择，可以选择好心情，或者坏心情，我总是选择有好心情；如果有不好的事发生，我可以选择做个受害者，或是选择从中学习，我总是选择从中学习；每当有人跑来跟我抱怨，我可以选择接受抱怨或者指出生命的光明面，我总是向他指出生命的光明面。"

有一天，3个歹徒闯入杰瑞家，开枪射中了他。幸运的是，杰瑞很快地被邻居发现，紧急送到医院抢救。

经过两天两夜的抢救和几个月的精心治疗，杰瑞出院了，只是体内的弹片还没有全部取出，仍有小部分留在他体内。

他的一位朋友见到了他，问他经历了这么一次死里逃生，对生命有什么看法。他乐呵呵地说："我活过来了，这简直太令我快乐了。你要不要看看我的伤疤？"朋友看了伤疤，然后问他当时中枪后有什么感觉。杰瑞答道："当我中枪，躺在地上鲜血直流的时候，我对自己说：'我不会死，我还有意识，我一定要活下去。'医护人员

都是很好的人，他们每个人都告诉我，我一定会好起来的。但是我从他们的眼神中读到了'他是个死人，他这样子一定是回天无力了'。我知道我需要采取一些行动。"

"你采取了什么行动？"朋友满脸疑惑地问。

杰瑞说："当护士给伤口上药的时候，问我对什么东西过敏。我提起精神大声说'子弹'。这时，所有的医生、护士都大笑起来。然后我又深深地吸了一口气，慢慢对医生和护士说：'我还活着，请把我当活人来医，而不是死人。'"这样，杰瑞活了下来。

·男孩应该懂得的道理·

每天你都能选择享受你的生命，或是憎恨它，这是唯一一件真正属于你的权利，没有人能够控制或夺去的东西就是你的态度。如果你能时时注意这个事实，你生命中的其他事情都会变得容易许多。

 知识点链接

国际护士节

每年的 5 月 12 日是国际护士节，它是为了纪念护士职业的创始人、英国护理学先驱和现代护理教育奠基人南丁格尔（又被称为"提灯女神"）而设立的。

1854 年至 1856 年间，英法联军与沙俄发生激战。在英国一家医院任护士主任的南丁格尔带领 38 名护士奔走前线，参加护理伤病员的工作。当时的医疗管理混乱，护理质量很差，以至于伤病员死亡率高达 42%。在这种情况下，南丁格尔潜心改善了病室的卫生条件，并加强了对病人的护理和营养，结果伤病员死亡率竟下降到了 2.2%。这一事迹传遍全欧，南丁格尔声名远播。后来，南丁格尔还创办了正规的护士学校，并撰写了大量的工作专著，这些专著成了医院管理、护士教育的基础。

11 活在与别人比较中的人，永远也不会快乐

有一天，上帝在百无聊赖之际，突发奇想："假如让现在世界上的每一位生存者再活一次，他们会怎样选择呢？"于是，上帝授意给世界众生发一答卷，让大家填写。

写作关键词
盲目攀比　不知足
接受自己

答卷收回后，上帝大吃一惊，请看他们各自的回答——

猫："假如让我再活一次，我要做一只老鼠。我偷吃主人一条鱼，会被主人打个半死。而老鼠可以在厨房翻箱倒柜，大吃大喝，人们对它也无可奈何。"

鼠："假如让我再活一次，我要做一只猫。吃皇粮，拿官饷，从生到死由主人供养，时不时还有我们的同类给它送鱼送虾，很自在。"

猪："假如让我再活一次，我要当一头牛。生活虽然苦点，但名声好。我们似乎是傻瓜懒蛋的象征，连骂人都要说蠢猪。"

牛："假如让我再活一次，我愿做一头猪。我吃的是草，挤出的是奶，干的是力气活，有谁给我评过功，发过奖？做猪多快活，吃罢睡，睡罢吃，肥头大耳，生活赛过神仙。"

鹰："假如让我再活一次，我愿做一只鸡，渴有水，饿有米，住有房，还受主人保护。我们呢？一年四季漂泊在外，风吹雨淋，还要时刻提防冷枪暗箭，活得多累啊！"

鸡："假如让我再活一次，我愿做一只鹰，可以翱翔于天空，任

做个有完美性格的男孩

意捕兔捉鸡。我们每天在胆战心惊、惶惶不可终日中度日，活得多累呀！"

其中，最有意思的还是人类的答卷。

不少男人写道："假如让我再活一次，我愿做一个女人，可以撒娇、可以邀宠、可以当妃子、可以当公主、可以当太太、可以当妻妾……最重要的是可以支配男人，让男人拜倒在自己的石榴裙下。"

不少女人的答案一律写道："假如让我再活一次，我愿做一个男人，可以蛮横、可以冒险、可以当皇帝、可以当王子、可以当老爷、可以当父亲……最重要的是可以驱使女人。"

上帝看完，气不打一处来："这些家伙只知道盲目攀比，太不知足了！"他"哧哧"把所有答卷全都撕得粉碎，厉声喝道："一切照旧！"

·男孩应该懂得的道理·

许多人总是习惯于把自己和身边的人相比，比这个比那个，结果越比越不平衡，越比越生气，比出了怨恨，比出了愁闷，影响了自己本应有的好心情。俗话说："人比人，气死人。"要想保持一份快乐的心情，我们就要控制自己比的心理，不要和别人比较，乐于接受现在的自己，肯定自己。

 知识点链接

拜倒在石榴裙下

"拜倒在石榴裙下"是一句比喻男子对女性崇拜倾倒的俗语。这句俗语的产生与唐明皇和杨贵妃有关。

传说杨贵妃非常喜爱石榴花。唐明皇投其所好，便在皇宫内广泛栽种石榴。

因唐明皇过分宠爱杨贵妃，不理朝政，大臣们不敢指责皇上，则迁怒于杨贵妃，对她拒不施礼。杨贵妃无奈，依然爱赏石榴花，爱吃石榴，特别爱穿绣满石榴花的彩裙。一天唐明皇设宴召群臣共饮，并邀杨玉环献舞助兴。可贵妃端起酒杯送到明皇唇边，向皇上耳语道："这些臣子大多对我不恭敬，我不愿为他们献舞。"唐明皇闻之，立即下令，所有文官武将，见了贵妃拒不跪拜者，以欺君之罪严惩。

众臣无奈，凡见到杨玉环身着石榴裙走来，无不纷纷下跪使礼。于是"拜倒在石榴裙下"的典故流传千年，至今成了崇拜女性的俗语。

选择什么样的生活态度，取决于你自己

写作关键词

意志 坚强 激励 心态

在美国纽约附近的一个小镇上，居住着一个13岁的少年，他的意志使他短暂的生命显得有几分悲壮。他很有运动天赋，足球、篮球样样精通，而且在中学时他就成为学校足球队的主力队员。不幸的是，没多久他就大病了一场，他的腿瘸了，并迅速恶化成为癌症。之后他不得不接受了截肢手术。

　　所有的朋友都为他感到难过。但他并没有因为再也不能踢球而变得郁郁寡欢。当他挂着拐杖回到学校时，他高兴地告诉他的朋友们，他会装上一条木头做的腿，到时候，他可以把袜子用图钉固定在腿上。朋友们为他的开朗和乐观感动，大家围绕在他的身旁，说说笑笑。生活并没有因为他失去了一条腿而变得不同。

　　时间又进入了足球赛季。他找到了教练，尽管他不能够踢球了，但他希望能够不离开校队。他申请担任校队的管理员，帮队友们准备饮料、收衣服，为教练准备训练用的沙盘模型，他的请求获得了教练的批准。接下来的日子里，他每天准时到达球场，将一切准备活动打理得井井有条，所有的队员都被他的毅力感染了。可是，有一天，当队员们到达训练场的时候，他没有来。队员们都十分着急，不知道他发生了什么事。后来听说，那一天，他的癌细胞再次扩散，而他只有不到两个月的生命了。

　　他的父母决定对他隐瞒这件事。而这个坚强的男孩，也像父母希望的那样，仍然乐观地生活着。他又回到了球场上，用笑容激励每一位队友。在他的鼓励下，队友们发挥良好，保持着全胜的纪录。他们举行了庆功餐会，准备了一个由全体队员签名的足球想要送给他，可是，他却再次入院。

　　几周后，他出院了，脸色苍白憔悴，可是笑容依旧。他来到了教练的办公室，看到了所有的队友。教练轻声责怪他不该缺席餐会。他笑笑说："对不起，教练，我正在节食。"他接过了队友送给他的那个代表着胜利的足球，和大家分享着胜利的喜悦。和队友们道别时，他坚定地说："别担心我，我永远和你们在一起。"

　　一周后，他去世了。其实他早就知道自己的病情，但是他并没有被病魔打败。他坦然地面对疾病，在最坏的处境中保持着自己令人振奋的精神。

·男孩应该懂得的道理·

命运不可逆转,这任谁也无可奈何,但选择怎样的生活态度却是我们真正可以把握的。不管遇到什么样的命运,我们都应该始终保持乐观的精神,这才是我们的幸福所在。

 知识点链接

纽约

纽约位于美国东海岸北部,纽约州东南部,被誉为"世界之都"、"站着的城市"、"不夜城",是美国的最大城市及最大的商港,与英国伦敦、日本东京、法国巴黎并称为世界四大国际大都会。

纽约的历史比较短,只有300多年。最早的居民点在曼哈顿岛的南端,原是印第安人的住地。1626年,荷兰人以价值大约60个荷兰盾(相当于24美元)的小物件从印第安人手中买下曼哈顿岛,辟为贸易城,称之为"新阿姆斯特丹"。英荷战争结束后,荷兰战败被迫将新阿姆斯特丹割让给英国,当时正好是英王查理二世的弟弟,约克公爵的生日,于是查理二世将新阿姆斯特丹改名为纽约(即新约克,英国有约克郡),作为送给约克公爵的礼物。

做个有完美性格的男孩

13 生活是美好的

写作关键词
满足现状 乐观积极
悲观消极

契诃夫在他的《生活是美好》一文中写道：

生活是极不愉快的玩笑，不过要使它美好也不很难。为了做到这一点，光是中了头彩赢了20万卢布，得了"白鹰"勋章，娶个漂亮女人，还是不够的，这些福份都是无常的，而且很容易习惯。

为了不断地感到幸福，甚至在苦恼和愁闷的时候也感到幸福，那就需要：一、善于满足现状；二、很高兴地感到：事情原来可能更糟呢。这是不难的：

要是火柴在你的衣袋里燃起来了，那你应当高兴，而且感谢上苍：多亏你的衣袋不是火药库。

要是有穷亲戚上别墅来找你，那你不要脸色发白，而要喜气洋洋地叫道："挺好，幸亏来的不是警察！"

要是你的手指头扎了一根刺，那你应当高兴："挺好，多亏这根刺不是扎在眼睛里！"

如果你不是住在边远的地方，那你一想到命运总算没有把你送到边远的地方去，你岂不觉得幸福？

要是你有一颗牙痛起来，那你就该高兴：幸亏不是满口的牙痛起来。

要是你给送到警察局去了，那你就该乐得跳起来，因为多亏没把你送到地狱的大火里去。

要是你挨了一顿桦木棍子的打,那就该蹦蹦跳跳,叫道:"我多么运气,人家总算没有拿带刺的棍子来打我!"

依此类推,朋友,照着我的劝告去做吧,你的生活就会变得欢乐无穷了。

---------- ·男孩应该懂得的道理· ----------

生活中欢乐无穷,如果悲观消极地面对生活,那么你将永远见不到希望的曙光。所以,当遭遇厄运或困境时,你所需要做的第一件事就是:调整自己的心态。

知识点链接

契诃夫

契诃夫,俄国小说家、戏剧家、短篇小说艺术大师。契诃夫出生于小市民家庭,父亲的杂货铺破产后,他靠当家庭教师读完中学,后进入莫斯科大学学医,毕业后从医并开始文学创作。

契诃夫一生创作了七八百篇短篇小说,和法国的莫泊桑、美国的欧·亨利齐名为三大短篇小说巨匠。他的作品大多数取材于中等阶层的"小人物"的平凡生活,揭露了反动统治阶级的残暴,抨击了沙皇的专制制度,代表作有《变色龙》、《凡卡》、《万卡》、《套中人》、《小公务员之死》等。

契诃夫得到的社会评价非常高。列夫·托尔斯泰称他是"无与伦比的艺术家",而且还说:"我撇开一切虚伪的客套肯定地说,从技巧上讲,他,契诃夫,远比我更为高明。"

做个有完美性格的男孩

男孩心态手册——如何保持好心态

1. 要有目标和追求。
2. 保持高度的自信心。
3. 学会和各种人愉快相处。
4. 同情弱者。
5. 学会宽恕他人。
6. 经常保持微笑。
7. 学会与他人一起分享快乐。
8. 经常保持合作关系,从中获得乐趣。
9. 有几个知心朋友。
10. 乐于助人。
11. 不要贪财。
12. 乐观。

第十章

学习,让男孩的人生之路走得更远

孔夫子曰:"吾日三省吾身","三人行必有吾师焉"。事实证明,世上没有什么放之四海而皆准的绝对真理,因此学习也不可能是一劳永逸的。

知识改变命运,学习创造未来。有句俗语说,"活到老,学到老"。苏联著名作家高尔基也曾说:"如果不想在世界上虚度一生,那就要学习一辈子。"

- 永远不要觉得自己掌握的知识多,学习是没有止境的。

解说语: 学习是不应满足的,一旦产生了自满的想法,就会停止进步。学无止境,只有孜孜不倦地学习,知识面才会越来越宽,才不会落后。

- 如果有条件,如果有时间,就去多学一门技艺吧。

解说语: 伟大的无产阶级革命导师马克思就曾这样说:"一个人有了知识,才能变得似有三头六臂。"技艺是最实用的知识,多一门技艺,就能多一条出路。掌握的技艺越多,对我们的未来越有利。

● 只掌握了知识还不够，还要动手去实践、运用那些知识。

解说语：毛主席的老师徐特立先生曾这样说："只有书本知识，没有实际斗争经验，谓之半知；既有书本知识，又有实际斗争经验，知行合一，谓之全知。"只有既有理论又有实践，才是智慧的学习。

● 不生搬硬套，对知识要做到活学活用。

解说语：前人传下来的书本知识，仅可以作为我们学习的参考、研究对象，照猫画虎，是万万要不得的。所以，语法也好，文言文、数学理论也罢，都要理解后再去运用。

做个有完美性格的男孩

01 一旦自满，就会停止进步

弗莱明生于苏格兰一个贫苦的农家。小时候，为了维持一家的生计，父亲常常编一些小动物去附近的集市上卖。

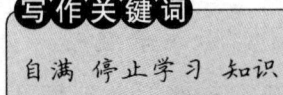

写作关键词
自满 停止学习 知识

父亲的手艺很好，编出来的动物活灵活现的，在市场上卖得特别好。因此，他们一家的生活开始有了一些起色。但是后来，父亲的视力不太好了，编起小动物来也有些费劲了。

为了补贴家用，弗莱明开始学习编织小动物，然后拿到市场上去卖。他心灵手巧，编出来的小动物已经超过了父亲的水平。刚开始，他编出来的小动物售价与父亲的一样，每个3便士。

但是在编织小动物的过程中，父亲总是会提出各种各样的批评意见。于是，他编织小动物的售价就慢慢超过了父亲。但是，父亲对于他的批评却没有停止。他对弗莱明做的编织物总是不满意，不是说这里有缺点，就是说那里有问题。对此，弗莱明总是一丝不苟地改正着。

后来，弗莱明的编织物在市场上卖到了10个便士，而父亲编的小动物依旧每只3个便士。可是，父亲对弗莱明的编织物还是十分不满意。他还是像以前一样不断低批评他：这只眼睛比那只眼睛大了，两个肩膀也不对称，指甲太小了……

一天，弗莱明愤怒地反驳道："爸爸，你为什么总是挑我的毛病呢？你做的那些，我一个能挑出几十个毛病，但是我什么也没说。你也不看看，我编的小动物在市场上卖得非常火，而且一个卖到10便士。你呢，一个成品才3便士。我编的东西没有任何问题，根本不需要再加工了。"

听完儿子的控诉，父亲失望极了。过了一会儿，他才缓缓地说道："孩子，你说的我全部都知道。但是这话从你嘴里说出来，我十分失望。我知道，今天你编的东西永远不可能卖到比10便士更多的价钱了。"

"为什么？"弗莱明问道。

"人，什么时候自满，什么时候就会停止学习，知识也不会再有增长。从前有一天，我也开始对自己的手艺自满起来，但是从那天到现在，我编出来的东西只能卖3个便士，从来没有超过这个价钱。"

弗莱明羞愧地低下了头。

------- ·男孩应该懂得的道理· -------

学习是不应满足的，一旦产生了自满的想法，就会停止进步。学无止境，只有孜孜不倦地学习，知识面才会宽，才不会落后。

  知识点链接

弗莱明

弗莱明，英国微生物学家，一生中有两项重大发现，一项是一种叫"溶菌霉"的物质，另一项是青霉素。前者帮助他获得了伦敦大学的教授职位，后者则让他获得了诺贝尔生理学及医学奖。

做个有完美性格的男孩

02 阅读，让眼界更加开阔

写作关键词

知识丰富 聚精会神 读书

有一年，美国与一个国家打了起来。这一天，美国军队开赴前线。战争十分激烈，当时的条件也很艰苦，士兵们想念自己的家乡。于是，在难得的行军作战的休息间隙，士兵们就聚在一起讲自己的见闻，大家说说笑笑，战争带来的紧张情绪缓解了不少。

一位美国将军也经常参与士兵们的这种交谈。不久，他就注意到了一个名叫麦克的士兵，这个士兵30多岁，只上过中学，可是他的知识特别丰富，天文、地理、自然、历史都知道得不少，士兵们都很喜欢听他讲故事，因为他总是能带给大家十分新颖的东西。而且，麦克每次还会告诉大家一些生活上的小常识，教大家怎么在这么艰苦的环境下保护自己。

将军也很欣赏麦克，每次都要听麦克讲故事。一天晚上，军队赶了一天的路，晚上宿营后，大家很快就休息了。将军和几个卫兵巡视营地，发现只有麦克还没有睡。他的头凑在灯光旁，聚精会神地看着手上的东西，嘴里还念念有词，非常专注，非常认真。

将军很好奇，难道是家信？他正要上前问个究竟，一个士兵跑过来向他报告，接到命令要马上行军到另外一个地方参加作战。将军立刻下令吹响行军号，听到军号，睡梦中的士兵们全都惊醒了，立刻爬起来开始前进。

战斗异常紧张激烈,在将军的沉着指挥下,士兵们勇敢善战,终于取得了胜利。可是部队的伤亡也比较惨重,最糟糕的是随军医生的消毒水用完了,如果不给受伤士兵涂抹药水,他们的伤口极易感染,严重的会危及他们的生命。

将军一筹莫展。这时,麦克来见他,手里提着一个小桶,里面有一些黏黏的液体。他对将军说,这种东西可以给伤口消毒,将军半信半疑,同意试试。后来军医兴奋地回来报告,说那种液体效果很好,可以暂时代替药品直到他们得到救援。

将军召来麦克,麦克说:"那是一种树的树液,正好附近长了很多。"

"可是你怎么知道它可以消毒呢?"

麦克从身边的口袋里掏出一本书,是《大英百科全书》的简写本。将军这才明白麦克那天是在看书。

麦克说:"我上的学不多,可是我记得老师告诉我要养成读书的习惯,读的多了,总有一天知识会派上用场。所以我每天睡觉前都要看上10分钟的书,从不间断。我很高兴,我的读书可以帮助战友,而且解决了这么大的问题。"

·男孩应该懂得的道理·

比尔·盖茨曾这样说过:"如果不能成为优秀的阅读家,就无法拥有真正的知识。我直到现在依然每天至少要阅读一个小时,周末则会阅读三至四个小时。这样的阅读,让我的眼界更加开阔。是我的阅读成就了我。"

从比尔·盖茨的这番话中,你能得出什么样的启示呢?知识是通向成功的一把钥匙,而阅读就是获取知识的最重要途径。任何一个渴望有所成就、有大志向的人一定要牢牢记住这句话:凡是乐读善读者,一定能读出字里乾坤;凡是厌读弃读者,一定走不出狭小的人生天地。

知识点链接

《大英百科全书》

《大英百科全书》又称《不列颠百科全书》,被认为是世界上最知名也是最权威的百科全书,是世界三大百科全书(美国百科全书、不列颠百科全书、科尔百科全书)之一。第一个版本的大英百科于1768年开始编纂,历时3年即1771年编纂完成,全书共3册。《大英百科全书》内容丰富,涵盖了政治、经济、哲学、文学、艺术、社会、语言、宗教、民族、音乐、戏剧、美术、数学、物理、化学、历史、地理、地质、天文、生活、医学、卫生、环保、气象、海洋、新闻、出版、电视、广播、广告、军事、电脑、网络、航空、体育、金融等200多个学科。

书籍,是享之不尽的财富

写作关键词

阅读 真理 财富

有一天,美国斯坦福大学生物系学生尼森正在图书馆里埋头攻读一本名叫《生物变种遗传基因研究》的书,这本书虽然他已读过好多遍,但仍然爱不释手。奇怪的是,当他再次打开这本书的时候,突然有一种异样的感觉,好像这本书总有些什么特别的地方。于是,他仔细注意书中的每一个细节,果然有所发现。原来,在书的内文中共有73处出现了阿拉伯数字,有9处数字下面，出现了模糊的墨迹。如果不特别留心，根本就不会发现。尼森把这9个数字按在书中出现的先后顺序连起来，即741256921。

尼森认为这其中肯定有什么秘密，他决心揭开这个谜底。他发动所有的亲属和朋友，到各个图书馆寻找这本书，并按照他提供的页数查看有无相同的印迹。结果发现，在现存很少量的这本著作中，都存在着相同的情况。尼森非常兴奋，他拿着书请专家鉴定，看是不是排版印刷中出现的问题。答案是否定的，专家认为这明显是人为用笔尖点在纸上留下的痕迹。

尼森开始对这本书展开调查，发现这本书是由劳腾斯出版社于1928年出版的，作者是威斯康星大学教授皮尔先生。此书出版时，皮尔教授已61岁，3年后因病去世。此书只印了一版，而且数量极少，只有420册，现今美国各图书馆总共收藏仅有十几本。

通过专家帮助和互联网确认，这组号码最后被认定为是一家银行地下保险库中一个私人保险箱的密码。在保险库管理人员的帮助下，尼森找到了皮尔教授的名字，并用这组号码顺利打开了保险箱。令人惊异的是，保险箱里放着一封用蓝色丝绸包着的长信。在这封长达11页的信中。皮尔教授用伤感的文字介绍了自己默默无闻的一生，描述了出版这本书所遇到的困难和艰辛。他说，世人和学术界对这本书的淡漠，曾使他伤心至极。因此，他在所有书中的9个阿拉伯数字下面，亲自用笔尖点一滴墨水，将这9个数字连起来，作为这个保险箱的密码。如果有喜爱这本书的人发现这个秘密，他就把存放在这家银行里的36.34万美元遗产全部赠送给这个人。在信封里，还有一张银行的提款单和其它相关证明，按美国的有关法律，尼森可以获得这笔钱，而且当时的本息相加是274万美元。

就这样，尼森一夜之间变成了百万富翁。

· 男孩应该懂得的道理 ·

每一本书中都会蕴含一种真知或真理，如果你真的读懂了它，真的掌握了精髓，然后学会了在生活中有效地运用，最终你得到的

可能比尼森还要多。一本书甚至一句话，就可能让一个人的一生彻底改变，这难道不是巨大的财富吗？

 知识点链接

斯坦福大学

有着"西部哈佛"之称的斯坦福大学位于加利福尼亚州的斯坦福市，临近旧金山，于1885年创建。当时的加州铁路大王、曾担任加州州长的老利兰·斯坦福为纪念他在意大利游历时染病而死的儿子，决定捐钱成立以他儿子命名的大学，并把自己8180英亩用来培训优种赛马的农场拿出来作为学校的校园。

斯坦福大学在短短100多年的历史中，已培养了一位美国总统、25位诺贝尔奖获得者、142位美国艺术科学院院士、84位国家科学院院士和14位国家科学奖得主及数不胜数的企业家。

 04

多一门技艺，多一条出路

在一个漆黑的晚上，老鼠首领带领着小老鼠出外觅食，在一家人的厨房内，垃圾桶之中有很多剩余的饭菜，对于老鼠来说，这就好像发现了宝藏。

写作关键词

技艺　出路　不断学习

正当一大群老鼠在垃圾桶及附近范围大吃一顿之际，突然传来了一阵令它们肝胆俱裂的声音，那就是一头大花猫的叫声。它们震惊之余，更各自四处逃命，但大花猫绝不留情，不断穷追不舍，终于有两只小老鼠走避不及，被大花猫捉到。正当大花猫要吞噬它们之际，突然传来一连串凶恶的狗吠声，令大花猫手足无措，狼狈逃命。

大花猫走后，老鼠首领慢悠悠地从垃圾桶后面走出来说："我早就对你们说，多学一种语言有利无害，这次我就是用这门技能救了你们一命。"

-----•男孩应该懂得的道理•-----

多一门技艺，就能多一条出路。这就告诉我们要不断学习，掌握的知识越多，对我们越有利。伟大的无产阶级革命导师马克思就曾这样说："一个人有了知识，才能变得似有三头六臂。"

 知识点链接

马克思

马克思，德国政治家、哲学家、经济学家、革命理论家，马克思主义的创始人，第一国际的组织者和领导者，全世界无产阶级和劳动人民的伟大导师，主要著作有《资本论》和《共产党宣言》等。

做个有完美性格的男孩

05 停止了学习，必将被社会淘汰

写作关键词
继续学习 淘汰 充电 不败之地

在非洲大草原上，有一个动物王国的生存训练场，常常有大批的动物带着自己的子女来参加训练。

每天，当太阳升起时，大草原上的动物就开始长跑训练了。狮子妈妈教育自己的孩子："孩子，你必须跑得更快一点，再快一点，你要是跑不过最慢的羚羊，就会活活饿死的。"另一个场地上，羚羊妈妈也在教育自己的孩子："孩子，你必须跑得更快一点，再快一点，你要是跑不过最快的狮子，那你就会被它们吃掉。"

-------·男孩应该懂得的道理·-------

在现在这个知识大爆炸的年代里，谁不继续学习，谁必将被社会淘汰，只有不断地为自己充电，才能在竞争中立于不败之地。

知识点链接

> **羚羊挂角**
>
> 传说中羚羊晚上睡觉的时候，跟普通的动物不同，它会寻找一棵树，看准了位置就奋力一跳，用它的角挂在树杈上，这样可以保证整个身体是悬空的，别的野兽就够不着它了，这也是一种自保的方法。

既有理论又有实践，才是智慧的学习

有一个显贵的公子，经常和一些商人共同到海上去采珠宝。这位公子哥很会背诵一些驾驶海船方法的条文。比如说，如果船驶进漩涡，碰到逆流，遇到有礁石的激流险滩，应当怎样掌舵，怎样拨正航向，怎么稳住船身等等，背得滚瓜烂熟，说得头头是道。

他对大家说："在海上驾驶船只的各种方法，我都知道。"大家听了他头头是道的说法，也十分相信他的话，便辞去原来掌舵的舵手，由这位显贵的公子代替掌舵。第一次出海途中，他们的船驶进有漩涡的激流之中，显贵公子一边口里念口诀一边摆弄船舵。

然而，他背的这套一点儿也不管用，船还是在原地旋转，不能前进。最后，他和全船的商人都落水淹死了。

-------- · 男孩应该懂得的道理 · --------

这个故事里的显贵公子颇像《史记》中熟读兵书而使赵国打败的赵括，只会纸上谈兵，却不能解决实际问题。事实上，只懂理论而不会操作，永远都起不到实际作用，结果与不懂知识无异。只有既有理论又有实践，才是智慧的学习。毛主席的老师徐特立先生就曾这样说："只有书本知识，没有实际斗争经验，谓之半知；既有书本知识，又有实际斗争经验，知行合一，谓之全知。"

做个有完美性格的男孩

知识点链接

《史记》

《史记》最初没有固定书名，或称"太史公书"，或称"太史公传"，与后来的《汉书》、《后汉书》、《三国志》合称"前四史"。该书记载了上自中国上古传说中的黄帝时代，下至汉武帝年间共3000多年的历史，是中国历史上第一部纪传体通史。《史记》被认为是一部优秀的文学著作，在中国文学史上有重要地位，被鲁迅誉为"史家之绝唱，无韵之离骚"，与司马光的《资治通鉴》并称"史学双璧"。

生搬硬套前人的经验，无法学到知识

秦国有个人叫孙阳，他一眼就能认出好马和坏马，人们称他为"伯乐"。伯乐把自己认马的本领都写到了一本叫《相马经》的书里，并画上了各种马的图。

伯乐的儿子很想学到相马的本领，他从早到晚捧着《相马经》念，把它背得滚瓜烂熟。

写作关键词

死背教条 生搬硬套
照猫画虎

246

有一天，儿子洋洋得意地说："父亲，你的相马本领我都学会了。"

伯乐听了微微一笑，说："那好吧，你去找一匹千里马来，让我鉴定鉴定。"

儿子满口答应，带着《相马经》出门去了，一面走一面还在背诵着："千里马额头突起，双眼突出，四蹄犹如垒起的酒药瓶子。"

他边走边找，看见大大小小的动物，都要跟《相马经》上的标准进行对照。但是，有的只符合一条，有的一条也不符合。

最后，他在池塘边看见一只癞蛤蟆，鼓着双腿，"咕、咕、咕……"叫个不停。

他对照《相马经》端详了好半天，然后用纸把癞蛤蟆包了起来，兴冲冲地跑回家来向父亲报告："千里马可真不好找，你定的条件太高了。我好不容易在池塘边找到一匹，额头和双眼跟你书上说的差不离儿，就是蹄子不像酒药瓶子。你给鉴定鉴定。"

伯乐打开纸包一看，不由得苦笑起来："儿啊，你找到的这匹千里马，不会跑，光会跳，恐怕你驾驭不了啊！"

· 男孩应该懂得的道理 ·

把癞蛤蟆误认为千里马，这虽然听起来有点夸张，但是，在学习中，死背教条、生搬硬套，以致闹出笑话，招致损失的事例，确实是经常见到的。前人传下来的书本知识，仅可以作为我们学习的参考、研究对象，照猫画虎，是万万要不得的。

做个有完美性格的男孩

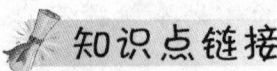

伯乐

传说中，天上管理马匹的神仙叫伯乐。在人间，人们把精于鉴别马匹优劣的人，也称为伯乐。

第一个被称作伯乐的人本名孙阳，春秋中期郜国（今山东省菏泽市成武县）人。在秦国富国强兵中，作为相马立下汗马功劳，并以其卓著成绩得到秦穆公的信赖，被封为"伯乐将军"。伯乐在工作中尽职尽责，在做好相马、荐马工作外，还为秦国举荐了很多能人贤士，传为历史佳话。

在伯乐晚年时，经过多年的实践、长期的潜心研究，搜求资料，反复推敲，终于写成我国历史上第一部相马学著作——《伯乐相马经》。书中有图有文，图文并茂，在后世长期被相马者奉为经典。

读书学习，是一辈子的事

美国一所世界著名的大学毕业考试的最后一天。教学楼前的阶梯上，一群机械系的学生聚集在一起，正在讨论几分钟后就要开始的考试。他们显示出很有信心的样子，这是他们在参加毕

写作关键词
学无止境　终身学习

业典礼和工作之前的最后一次考试。

有几个人在谈论他们已经找到的工作，其他的人则在讨论他们想要得到什么样的工作。怀着对4年大学教育的肯定，他们觉得心理上早就做好了准备，并且能征服外面的世界。

即将进行的考试他们认为是件很容易的事情，教授说他们可以带需要的教科书、参考书和笔记，只要求他们考试时不要彼此交头接耳。

他们兴高采烈地鱼贯走进教室。教授把考卷发下去，学生都眉开眼笑，因为他们注意到只有5个论述题。

3个小时过去了，教授开始收卷。学生们似乎不再有信心，他们脸上显露出难以描述的表情，没有一个人说话。教授手里拿着考卷，面对着全班同学。

教授端详着面前学生们担忧的脸，问道："有几个人把5个问题全答完了？"

没有人举手。

"那么，有几个人答完了4个？"

仍旧没有人举手。

"3个？或者两个的呢？"

学生们在座位上不安起来。

"那么一个呢？一定有人做完一个了吧？"

全班学生保持沉默。

教授放下手中的考卷说："这正是我预期的效果。我只是想加深你们的印象，即使你们已经完成了4年工程学教学，也仍旧有许多有关工程的问题你们不知道。这些你们不能回答的问题，在日常操作中是非常普遍的。"

于是教授带着微笑说下去，"这个科目你们都会及格，但要记住，学无止境，你们在这个大学的教育只是整个人生教育中很小的一部分，你们的教育其实只是开了一个头。"

做个有完美性格的男孩

·男孩应该懂得的道理·

一个人需要不断更新知识结构以提升自己,而这个过程永远没有尽头。物品用了会折旧,人才也会因知识的停滞而不断折旧,而终身学习是防止知识折旧的最好办法。

 知识点链接

中国教授的分类

1. 特聘教授:顾名思义,是特殊(特别)聘任的教授,本身是教授。

2. 客座教授:是"客情"聘请的学者,不定期的来作报告或搞讲座,本人可能不是教授,而是名人、官员、企业家、发明者,等等。

3. 兼职教授:在自己学校是专职教授,接受其它学校的聘请,业余时间兼职做其它学校的教授,跟社会兼职工作一个概念。

4. 荣誉教授:是对知名的老教授、有成就的老领导,授予的荣誉称号。

5. 一般教授:是大学聘任的正高级职称,既上课、又搞科研、带研究生,也是学术带头人。

男孩学习手册——如何培养终生阅读的好习惯

1. 找时间读书。

无论多忙,其实你每天都可以找出小段的时间来读书,哪怕只是5~10分钟。每天其实都有很多这样的机会,如:每一次入睡前;排队等公交车;或者坐车去学校的路上。每次只要10分钟,这样一来,每天哪怕只有3次,加起来就有半个小时了。对你而言,这是一个很好的读书习惯,你要做的,只是坚持下来。

2. 随身带本书。

无论你去哪里,都别忘记带上一本书,你上哪儿书就去哪儿。打发等人和排队的无聊,利用这些时间看看书是最棒的方法。

3. 做一个读书清单。

做一个列表,上面是你想读的书的清单。你每天在任何角落都要能看到这份清单。而且,这份清单是动态的,当你从别人那里或别的渠道看到了一本好书,马上加进去,已经读过的就划掉。

4. 找一个安静的地方读书。

在自己家里找个地方,在这里你可以成为一只书虫。周围要没有电视,没有电脑,没有娱乐设备,没有音乐,没有任何东西打扰你,完全只有你自己。

5. 减少上网和看电视的时间。

如果你真想看书,还是别看电视和上网了。虽然这很难,但成效显著。

6. 做读书笔记。

读书笔记不仅仅记录书名和作者,还应记录了你读书时的所思所想。几个月之后,你再回头翻翻读书笔记的时候,一定会有更深的体会。

7. 经常逛书店、去图书馆。

这两个地方可以说是培养阅读习惯的最佳场所，经常置身于这样的环境里，要想不喜欢阅读都难。

8. 设立你的读书目标。

设立一个自己一年要读多少本书的鸿愿，然后试着完成这个目标。当然，前提是：你把读书当成一种享受，而不是一件紧急的又不得不做的烦心事。

9. 设立专门的读书时间。

每天都有一个专门的时间用来读书，久而久之，非常容易养成阅读的习惯。这个时间，最理想的莫过于睡前15分钟。千万不要小看这15分钟，如果你能每天都坚持，一年下来效果可是非常惊人的。

第十一章

爱思考，让男孩的聪明翻倍

人生旅程中，你可以勇敢地去追求，但若是缺少了智慧，就只能在空幻中作不切实际的操作；你也可以不停地奋斗，但若是缺少了智慧，就只能在无休止的烦恼中埋葬最初的热情。

那么，这种成功的智慧从何而来呢？由思考而来。一个爱思考的人，智慧水平必然很高；相反，一个不愿意思考的人，智慧水平就必然很低，甚至于没有智慧。

男孩智慧图释

● 只有想不到,没有办不到。喜欢动脑筋,并喜欢用自己的实际行动证明"方法总比问题多"。

解说语:英国凯恩的《成功的潜质》中有这样一句话:"我看见水壶开了,高兴得像个孩子似的叫起来;马歇尔也看见壶开了,却悄悄地坐下来,造了一部蒸汽机。"这句话形象地告诉我们,凡人和不平凡人的区别仅仅在于,或者说主要在于——一个不善于思考,一个则善于思考。是的,勤于思考是成就一切事业的摇篮,是创造力的源泉,请留些时间思考吧。

● 爱动脑,也爱借鉴别人的优点,总能博采众长。

解说语:任何一个人的智慧都是有限的,博采众长,集他人之优点,能让你成为智者中的聪明人。学会与他人合作,学会征询他人的意见,往往能让你的思维变得更开阔。

● 思维不受条条框框的限制，善于打破非此即彼的固有模式，相信世上存在更好的第三种答案。

解说语：有时候事情是"死"的，但人的思维却是活的。不要相信非此即彼，跳出条条框框的限制，也许你会得到一个柳暗花明的答案。

● 要想聪明，比别人多动一分脑筋。

解说语：聪明人为何聪明？因为他们总比别人多动一分脑筋。实际上，这也是天才和普通人的区别，天才比普通人用在思考上的时间多一些。

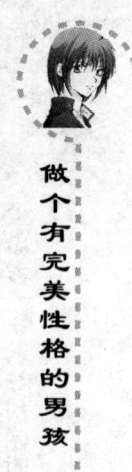

做个有完美性格的男孩

01 桶的大小是由你决定的

写作关键词
放开思路 不同角度
解决问题

某国王有个习惯，每天早上接受大臣朝拜后，便让众臣陪同在宫殿周围散步。

一天，众人来到御花园，然后坐下观景。国王瞧着面前的水池忽然心血来潮，问身边的大臣："这水池里共有几桶水？"

这个问题问得稀奇古怪，几桶水？谁答得确切？众臣一个个面面相觑。

国王很不高兴，便下旨："你们回去考虑三天，谁能答出便能得到重赏。"

三天过去了，大臣中仍没有人能回答得出这个问题。国王觉得很扫兴。

这时，有个大臣诚惶诚恐地伏地奏道："国王息怒，我等不才，无法解答您的问题，老臣向您推荐一人，或许能行。"

国王闻言问："你推荐谁？"

那大臣说："城东门有个孩子很聪明，是不是把他叫来试一试？"

不多时，那位孩子便被领进大殿。他落落大方，进了皇宫毫无怯意。

国王将问题讲了一遍后，示意让人领小孩到池边看一下。那孩子天真地笑道："不用去看了，这个问题太容易了。"

国王一听乐了，说："哦，那你就讲讲吧。"

孩子眼睛眨了眨，说："要看那是怎么样的桶。如果桶和池子一样大，那池里就是一桶水；要是桶只有水池一半大，那就有两桶水；如果桶只有水池的1/3，那池里就有三桶水，如果……"

"行了，完全对。"国王重赏了这个孩子。

众臣一个个呆若木鸡，自愧不如。

·男孩应该懂得的道理·

生活中的许多看似不能解答的问题，其实是因为我们没有放开思路。从不同角度切入问题，你就能轻易地理清头绪，从而找到解决问题的最佳途径。

 知识点链接

御花园

御花园是一处以精巧建筑和紧凑布局取胜的宫廷园林，现位于紫禁城中轴线上，坤宁宫后方。御花园为明代永乐十五年（1417年）始建，名为"宫后苑"，清雍正朝起，称"御花园"。御花园的面积并不大，其南北深八十米，东西阔一百四十米，但古柏老槐与奇花异草，以及星罗棋布的亭台殿阁和纵横交错的花石子路，使得整个花园既古雅幽静，又不失宫廷大气。这里是帝后茶余饭后休息游乐的地方，另外，每年的登高、赏月活动也在这里进行。

做个有完美性格的男孩

思考成就天才

写作关键词
思考 开动脑筋
打破常规思维

德国著名数学家高斯小时候家里生活很困难，他上的是一所农村学校。他的老师的名字叫布特纳，是当地小有名气的"数学家"。这位来自城市的青年教师，总认为乡下的孩子都是笨蛋，自己的才华无法施展。3年级的一次数学课上，布特纳对孩子们又发了一通脾气，然后，在黑板上写下了一个长长的算式：$1+2+3+\cdots\cdots+100=?$

"哇！这是多少个数相加呀？怎么算呀？"学生们害怕极了，越是紧张越是想不出怎么计算。

布特纳很得意。他知道，将一百个数加起来，这可不是个简单的工程。学生最快也要20分钟以后才能算出来。

不料，不一会儿，小高斯却拿着写有答案的小石板过来了，说："老师，我算完了。"布特纳连头都没抬，生气地说："去去，不要胡闹。谁想胡乱写一个数交差，可得小心！"说完，挥动了一下他那铁锤似的拳头。

可是小高斯却坚持不走，说："老师，我没有胡闹。"并把小石板轻轻地放在讲台上。布特纳看了一眼，惊讶得说不出话来，没想到，这个10岁的孩子居然这么快就算出了正确的答案。

原来，小高斯不是像其他孩子那样一个数一个数地加，而是细心地观察，动脑筋，找规律。他发现一头一尾两个数依次相加，每次加得的和都是101，求50个101的和可以用乘法很快算出。

小高斯令人难以置信的数学天赋，使布特纳既佩服又内疚。从此，他再也不轻视穷人的孩子了。他给小高斯买来了许多数学书，并让他年轻的助手巴蒂尔帮助小高斯学数学。

·男孩应该懂得的道理·

思考是一个人建立自己知识体系的关键。高斯善于开动脑筋，打破常规思维，因而发现了解答问题的简便方法。这种善于思考、遇到问题先思考的学习方法值得我们每个人借鉴和学习。

 知识点链接

高斯

高斯，德国著名数学家、物理学家、天文学家、大地测量学家。高斯有"数学王子"的美誉，被誉为世界上最伟大的数学家之一，和阿基米德、牛顿、欧拉同享盛名。1795年，高斯进入哥廷根大学，1796年，19岁的他取得了一个数学史上极其重要的结果，就是《正十七边形尺规作图之理论与方法》。1855年2月23日清晨，高斯于睡梦中去世。

做个有完美性格的男孩

03 简单的精彩

地质考察队在大山里发现了一个罕见的山洞。洞内地形非常曲折，大洞套小洞，变化无穷，还有深潭和峭壁，甚为奇险。此事一经曝光便引来无数的探险者，但是进洞后安全返回的少之又少。出得洞来的，也都是半途而废者，没有人探到过它的尽头。于是人们便为该洞取名"死亡谷"。渐渐地，前来探险的人少了。

写作关键词
复杂 简单 思考

正当此事就要归于平静时，一位从未上过学也没探过险的当地农民深入"死亡谷"，找到了洞的尽头，并安全返回。

许多媒体记者采访这位农民试图找到他成功的秘诀，结果出乎意料，他说了一个简单而笨拙的办法——"我只是找了几麻袋长而结实的绳子，把它们系在一起，一头牢牢地拴在裤带上，另一头拴在洞口一棵树干上，然后带上些自制的食物，不慌不忙地探寻。返回时，顺着这根绳子就走了出来。"

·················男孩应该懂得的道理·················

有些问题之所以难以解决，只因为我们把它想得过于复杂，其实只需简单的方法就可以。所以，碰到难题，当你倾尽所有的思考还解决不出来时，不妨转个弯，往简单想，也许很快就会"柳暗花明又一村"。

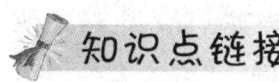
知识点链接

死亡谷

世界上有五大死亡谷，它们分别存在于美国、俄罗斯、中国、意大利和印尼。美国的"死亡谷"长225千米，宽6～26千米，面积1408平方公里，地势险峻。俄罗斯勘察加岛上有一个长约2千米、宽100～300米的山谷，这里地势坎坷，天然硫磺露出地面，熊、狼等野兽尸骨随处可见。意大利那不勒斯附近的"死亡谷"对人的生命无威胁，而每年在这里死于非命的动物却达几千只。中国的"死亡谷"在四川峨眉山中，平时很少有人涉足，该死亡谷的进口称鬼门关，连猎人都不敢进入。印度尼西亚爪哇岛上的"死亡谷"有6个具有吞吸生灵威力的山洞，人和动物从洞口经过，就会被一种神奇的吸力吸入洞内，因而洞内白骨累累。

思考是智慧的起点

现代原子物理学的奠基者卢瑟福对思考"极为推崇"。一天，卢瑟福做完实验已经很晚了，就回到房间睡觉。半夜醒来，他发现实验室里灯火通明，

写作关键词
勤于思考　时间的有效利用

还以为有小偷光顾呢,连忙赶了过去。谁知道开门一看,竟然是他的一名学生正在实验台前忙碌着。卢瑟福关心地问:"你这么晚怎么还没休息啊,在忙些什么呢?"学生连头都没抬一下,仍然在忙手里的工作,只随口回答了一句:"我正在忙着做实验啊!"

"你现在做实验,那么白天在做些什么呢?""我白天也在忙着做实验啊。"

卢瑟福又问:"那你早上也工作?"

学生回答:"是的,教授,早上我也工作。"

"你的意思是说,你花了一整天的时间不眠不休都只为了做实验?"卢瑟福继续追问。

学生满心欢喜,以为自己一定能获得老师的赞赏,因此他故作谦虚地说:"是的,老师,我希望能够尽我所能,多学会一点东西。"

卢瑟福稍微停顿了一下,然后说:"勤学固然很好,只是我十分好奇,你把所有的时间都花在做实验上,那么你用什么时间来思考呢?"停顿了一下,他继续说:"学习知识需要思考、思考、再思考,只有这样才能成功。"

·男孩应该懂得的道理·

英国凯恩的《成功的潜质》中有这样一句话:"我看见水壶开了,高兴得像个孩子似的叫起来;马歇尔也看见壶开了,却悄悄地坐下来,造了一部蒸汽机。"这句话形象地告诉我们,凡人和不平凡人的区别仅仅在于,或者说主要在于——一个不善于思考,一个则善于思考。是的,勤于思考是成就一切事业的摇篮,是创造力的源泉,请留些时间思考吧。

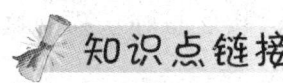

卢瑟福

英国著名物理学家卢瑟福是20世纪初最伟大的实验物理学家。他是世界核科学的奠基人，他最大的成就，就是发现了原子核和原子有核结构。因此，他被授予1908年的诺贝尔化学奖。然而，卢瑟福的功绩还不止于此。当人们评论卢瑟福的成就时，总要提到他"桃李满天下"。因为在卢瑟福的悉心培养下，他的学生和助手有很多人获得了诺贝尔奖，如：1921年，卢瑟福的助手索迪获诺贝尔化学奖；1922年，卢瑟福的学生阿斯顿获诺贝尔化学奖；1922年，卢瑟福的学生玻尔获诺贝尔物理奖；1927年，卢瑟福的助手威尔逊获诺贝尔物理奖；1935年，卢瑟福的学生查德威克获诺贝尔物理奖；1948年，卢瑟福的助手布莱克特获诺贝尔物理奖；1951年，卢瑟福的学生科克拉夫特和瓦耳顿，共同获得诺贝尔物理奖；1978年，卢瑟福的学生卡皮茨获诺贝尔物理奖。

有一种成功源于思考

斐塞司博士有一个习惯，总是在午饭后坐在门前晒会儿太阳。一只母猫在阳光下安详地打着盹儿。随着阳光的转移，每隔一段时间母猫便会

写作关键词

思考 成功

醒过来,伸伸懒腰,踱到另一块有阳光的地方,接着打盹。猫的这些举动唤起了斐塞斯博士的好奇心。

猫为什么喜欢呆在阳光下呢?是光和热,还是其它的什么原因?对,是光和热。猫喜欢呆在阳光下,这说明光和热对它一定是有益的。那对人呢,对人是不是也同样有益?这个想法在斐塞司的脑子里闪了一下。

可就是这么一闪,成为闻名世界的日光疗法的引发点。之后不久,日光疗法便在世界上诞生了。斐塞司博士,也因为一只睡懒觉的猫获得了诺贝尔医学奖。

1910年,德国科学家魏格纳因病不得不躺在医院的病床上休息,墙上挂着一幅地图。在闲得无聊的时间里,他就很随意地观察这张地图。一天,他突然发现,大西洋两岸的地形好象是互补的,南美大陆巴西东部突出的部分与赤道的几内亚、加蓬、安哥拉陷入的部分相对应,可以把它们完全拼合在一起。

这个发现,让魏格纳兴奋了好一阵子,并由此引发了他一连串的思考:这两个大陆是不是原先就是连在一起的?如果是的话,那又是什么原因使他们分开的?

不顾病痛,魏格纳着手收集了大量的地质学、古生物学的资料,终于提出了一个崭新的理论:大陆板块漂移说。

·男孩应该懂得的道理·

为什么每天都有许多人在看世界地图,而只有魏格纳得出了大陆板块漂移说?有些人几乎天天见到猫晒太阳,可为什么只有斐塞斯一人发现了日光疗法?道理很简单,其实在很多时候,天才和普通人的区别就在于他们比别人多了点思考而已。

知识点链接

魏格纳

魏格纳是德国气象学家、地球物理学家、天文学家。1880年生于柏林，从小喜欢幻想和冒险，童年时就喜爱读探险家的故事。1906年，获得气象学博士学位的魏格纳终于实现了少年时代的远大理想，开始了他的探险考察之旅。1912年，魏格纳提出了著名的地壳运动和大洋大洲分布的假说——"大陆漂移说"，他也因此被称为"大陆板块漂移说之父"。他在1930年第4次考察格陵兰岛时遇难，尸体到次年才被发现。

改变思维改变自己

英国是一个高福利和高薪制的国家，但要找到工作却很不容易。有一位22岁的英国青年，尽管有名牌大学新闻专业的文凭，但在竞争激烈的人才市场上也四处碰壁。为了求职，他几乎跑遍了全国。

写作关键词：变换思路 创新 此路 彼路

一天，他走进世界著名大报——英国《泰晤士报》编辑部，鼓足勇气问招聘主管："请问，你们需要编辑吗？"

对方看了看他，说："不需要。"

他接着又问:"那需要记者吗?"

对方回答:"也不需要。"

他没有气馁:"那么,你们需要排版工或校对人员吗?"

对方已经不耐烦了,说:"都不需要。"

年轻人微微一笑,从包里掏出一块制作精美的告示牌交给对方,说:"那你们肯定需要这个。"

对方接过来一看,只见上面写着:"额满,暂不招聘。"

招聘主管被他真诚而又聪慧的求职行为打动,破例对他进行了全面考核。结果,他被录用了,并被安排到与其才华相应的外勤部门。事实证明,报社没有看错人。

20年后,他在这家英国王牌大报的职位是:总编。这个人就是生蒙——一位资深且具有良好人格魅力的报业人士。

·男孩应该懂得的道理·

机遇总是垂青有心人。生蒙在求职时善于变换思路,善于从绝处求生的创新思维给自己赢得了让别人发现自己才华的机遇,成功地在几近无望的时候创造出柳暗花明的奇迹。通过他的故事我们不难得出这样一个道理:要善于思考,更要学会创新思维,这样做,此路不通彼路通,你永远也不会走入死角。

知识点链接

《泰晤士报》

《泰晤士报》是英国的一张综合性全国发行的日报,是一张对全世界政治、经济、文化发挥着巨大影响的报纸,长期以来,一直被认为是英国的第一主流大报,被誉为"英国社会的忠实记录者"。《泰晤士报》诞生于1785年元旦,创始人是约翰·沃尔特。

作为一张综合性日报,《泰晤士报》的关注领域包括政治、科学、文学、艺术等等,报道风格十分严肃,报道内容也很详尽,其读者群主要包括政界、工商金融界和知识界。

换一种思维,创一个奇迹

有一位德国人,叫李维施特劳斯。在1850年之前,他就是个普通的小公务员,但是1850年发生了一个大事,就是美国的西部加利福尼亚州发现了大片的金矿。于是无数想一夜致富的人们就如潮水般地涌向了加州,20多岁的李维施特劳斯也在其中。好容易奔波到了美国旧金山,结果是相当的失望。到处都是人,遍地是帐篷,人比金子都多啊。这能发财吗?

写作关键词

变换思维 奇迹

李维施特劳斯觉得悬,不过好在他比较好动脑筋。因为淘金者都是住在远离市中心的偏僻地带的各种帐篷里,想买点东西需要跑相当远的地方,很不方便。于是李维施特劳斯就在他们附近开了一家日用品小店,不是从土里淘金了,而是淘这个淘金人身上的金。不出所料,小店的生意很不错,李维施特劳斯也挣钱了。

有一天,李维施特劳斯又采购了一大批的日用百货和搭帐篷用的帆布回来。结果这些日用百货被抢购一空,帆布却没人理会,为什么呢?很简单,淘金者都有自己的帐篷,不愿意再搭第二个帐篷。看着这帆布就要赔本了,李维施特劳斯十分的沮丧。

突然,他看见有一个淘金工人迎面走来了,而且还看着这个帆布。李维施特劳斯赶快就迎上去热情地问:"你是不是要买点帆布搭帐篷?"那个工人摇了摇头说:"我不需要再搭一个帐篷,我需要的是像帐篷一样耐磨的裤子。你有吗?""要裤子做什么呀?"这个工人对他说:"你不知道,淘金的工作非常的艰苦,衣服经常要磨来磨去,棉布做的裤子几天就磨破了,如果用帆布做成裤子,又结实又耐磨,多好呀。我肯定买。"

一席话惊醒梦中人。是呀,反正这些帆布也卖不出去,干吗不做裤子呢!顺理成章的,1853年第一批帆布做的工装裤在李维施特劳斯手中诞生了。这第一条裤子当时穿在谁的身上现在没人知道,我们只知道很多年以后它有了一个很响亮的名字"牛仔裤",同时诞生的还有一个百年经典的品牌"LEVIS"。

·男孩应该懂得的道理·

无论是在追求梦想的道路上,还是在日夜奔波的生活中,我们常常会遇到"此路不通"的尴尬境地,但事实上,这并不意味着我们就再也无路可走。有句话说的是:"此路不通彼路通",古罗马也有一句这样的俗语:"条条大路通罗马",只要我们换一种思维,也许前方就会给你一个奇迹。

知识点链接

加州

加州是美国加利福尼亚州的简称,位于美国西部,是美国经济最发达、人口最多的州,也是美国的科技和文化中心,世界影视中心(好莱坞是全国电影和电视片的主要产地),以及美国农业大州。由于早年的淘金热,加州有一个别名叫做金州。自1848年发现金矿,持续7年的淘金热使人口急增,城市迅速发展。

男孩思维手册——如何提高思维能力

1. 独立思考。

许多人在遇到疑难问题时，总希望别人给出答案，这样做虽然解决了当时的问题，但从长远来说，会养成依赖别人的习惯，遇到问题时不会独立思考，这对发展智力没有任何好处。所以，培养爱思考习惯的第一步，就是要学会独立思考问题，不要总想着靠别人帮忙解决。

2. 善于发问。

问题是思维的起点，如果你经常面对各种问题，大脑的思维就会比较活跃。因此，要想提高自己的思维能力，就要多提问。

3. 多发表自己的意见。

调查显示，敢于发表自己意见的人，思维比较活跃，分析问题也比较透彻。而不敢畅所欲言的人，容易受别人的暗示而改变主意，或者动摇于各种见解之间，或者盲从附和随大流，这就影响了思维独立性的发展。不要害怕出错，不要感到害羞，不管什么场合，大胆地把你的意见发表出来吧。

4. 有"打破砂锅问到底"的精神。

要知道，打破砂锅问到底并不是一种愚笨的无知行为，恰恰相反，这是一种提高思维能力的绝佳路径，可以让你在学习时不盲目听信。

5. 经常处理各种各样的问题。

我们的学习生活中，经常会出现各种各样的问题。对于这些问题，我们应当尝试着自己设计解决方案，或者与别人讨论，而不是把所有的问题丢给别人。在这个过程中，你需要分析、归纳，需要设想解决的方法与程序，这对于提高你的思维能力和解决实际问题的能力大有好处。

第十二章

好习惯，让男孩受益终身

字典上解释，习惯就是长期重复地做，逐渐养成的不自觉的活动。

习惯的力量是巨大的，人一旦养成一个习惯，就会不自觉地在这个轨道上运行。如果是好习惯，会终身受益；反之，就会在不知不觉中深受其害。

● 字典里没有"拖拉"两个字，应该今天完成的事情绝不拖到明天。

解说语：古人云：明日复明日，明日何其多？我生待明日，万事成蹉跎！与其拖拖拉拉地抱怨时光流逝，不如停下来踏踏实实地把今天的任务完成。

● 善于做计划，善于按照计划有条不紊地去做事情。

解说语：做计划的好处是什么？第一，防止忘记做某件事情；第二，合理安排时间，轻松完成各项任务；第三，减少盲目、慌乱以及因此而浪费的时间；……所以，花半个小时的时间做个简单的计划，你有可能会节省半天甚至更多的时间。

● 不撒谎，不爽约，不应付作业……自觉抵制那些更多的恶习。

解说语：世界上这么多人，为什么成功者少而平庸者居多，是因为平庸者不够聪明或是能力不够吗？显然不是，因为绝大多数人的智力水平和能力都旗鼓相当。而之所以拉开了差距，只是因为平庸者被这样或那样的不良习惯束缚了迈向成功的步伐，难以突破，不能超越自我。

● 出门遵守交通规则，在家遵守家庭规则，在学校遵守学校规则……每时每刻都把规则放在首位。

解说语：俗话说得好："没有规矩不成方圆。"无论是学校还是社会，都会有各种规矩，都有一个无形的网在束缚着我们，同时也在保护着我们。人人遵守规矩，整个社会才能秩序井然。

做个有完美性格的男孩

01 珍惜时间

"浪费,最大的浪费莫过于浪费时间了。"爱迪生常对助手说。"人生太短暂了,要多想办法,用极少的时间办更多的事情。"

写作关键词
浪费时间 人生短暂
节省时间

一天,爱迪生在实验室里工作,他递给助手一个没上灯口的空玻璃灯泡,说:"你量量灯泡的容量。"他又低头工作了。

过了好半天,他问:"容量多少?"他没听见回答,转头看见助手拿着软尺在测量灯泡的周长、斜度,并拿已测得的数字伏在桌上计算。他说:"时间,时间,怎么费那么多的时间呢?"爱迪生走过来,拿起那个空灯泡,向里面斟满了水,交给助手,说:"里面的水倒在量杯里,马上告诉我它的容量。"

助手立刻读出了数字。

爱迪生说:"这是多么容易的测量方法啊,它又准确,又节省时间,你怎么想不到呢?还去算,那岂不是白白地浪费时间吗?"

助手的脸红了。

爱迪生喃喃地说:"人生太短暂了,太短暂了,要节省时间,多做事情啊!"

·男孩应该懂得的道理·

时间是构成生命的微小单元,因此哲学家说"浪费时间就是浪费生命"是最恰当不过了。一个不懂得珍惜时间的人,往往虚度年华。当他醒悟过来的时候，常常发现一切都晚了，因为自己已经白发苍苍。

知识点链接

> **爱迪生**
>
> 爱迪生是举世闻名的美国电学家，科学家和发明家，被誉为"世界发明大王"、"光明之父"、"现实中的普罗米修斯"。他除了在留声机、电灯、电话、电报、电影等方面的发明和贡献以外，在矿业、建筑业、化工等领域也有不少著名的创造和真知灼见。爱迪生一生共有两千项创造发明，为人类的文明和进步作出了巨大的贡献。爱迪生同时也是一位伟大的企业家，创办了"爱迪生电力照明公司"。该公司后来与汤姆·休斯顿公司合并成为通用电气公司，开始了通用电气在电器领域长达一个世纪的统治地位。

以严谨的作风去对待所有事

写作关键词
严谨　认真　一丝不苟

　　一个年轻人到某公司应聘临时职员，工作任务是为这家公司采购物品。招聘者经一番测试后，留下了这个年轻人和另外两名优胜者。随后，主持人提了几个问

题，每个人的回答各具特色，主持者很满意。

面试的最后一关是笔答题。题目为：假定公司派你到某工厂采购2000枝铅笔，你需要从公司带去多少钱？几分钟后，应试者都交了答卷。

一名应聘者的答案是120美元。主持人问他是怎么计算的。他说："2000枝铅笔可能要100美元，其他杂费用就20美元吧！"主持人未置可否。

第二名应聘者的答案是110美元。对此他解释道："2000枝铅笔需要100美元，其他杂费可能需用10美元左右。"主持人同样没表态。

最后轮到这位年轻人。主持人见他的答卷上写的是118.3美元，不禁有些惊奇，立即让他解释一下答案。

这位年轻人说："2000枝铅笔是100美元。从公司到工厂，乘汽车来回票价14.8美元；午餐费2美元；从工厂到汽车站为半英里，请搬运工人需用1.5美元……因此，总费用为118.36元"

主持人听完，露出会心的一笑。这名年轻人自然被录用了。他就是后来大名鼎鼎的卡耐基。

· 男孩应该懂得的道理 ·

在做任何事情的时候，我们都应该以严谨的作风去认真对待，这样你将会得到别人的信任，并且获得意想不到的效果。

知识点链接

戴尔·卡耐基

戴尔·卡耐基是美国著名的企业家、教育家和演讲口才艺术家,被誉为"成人教育之父"、"20世纪最伟大的心灵导师"、"人际关系学鼻祖"。

卡耐基在实践的基础上撰写而成的著作,是20世纪最畅销的成功励志经典。主要代表作有《沟通的艺术》、《人性的弱点》、《人性的优点》、《美好的人生》、《快乐的人生》、《伟大的人物》、《友谊的秘密》和《人性的光辉》、《卡耐基人际关系学》等。这些书出版之后,立即风靡全球,先后被译成几十种文字,被誉为"人类出版史上的奇迹"。

一个守时的人,必能有所作为

德国哲学家康德是一个十分守时的人。他认为无论是对老朋友还是对陌生人,守时都是一种美德,代表着礼貌和信誉。

写作关键词

守时 美德 礼貌 信誉

1779年,他想要去一个名叫珀芬的小镇拜访他的一位老朋友威廉先生。于是,他写了信给威廉,说自己将会在3月5日上午11点钟之前到达那里。威廉回信表示热烈的欢迎。

　　康德3月4日就到达了珀芬小镇，为了能够在约定的时间到达威廉先生那里，他第二天一早就租了一辆马车赶往威廉先生的家。威廉先生住在一个离小镇十几英里远的农场里。而小镇和农场之间，隔着一条河。康德需要从桥上穿过去。但马车来到河边时，车夫停了下来，对车上的康德说："先生，对不起，我们过不了河了，桥坏了，再往前走很危险。"

　　康德只好从马车上下来，看看从中间断裂的桥，他知道确实不能走了。此时正是初春时节，河虽然不宽，但河水很深。康德看看时间，已经10点多了，他焦急地问："附近还有没有别的桥？"

　　车夫回答："有，先生。在上游的地方还有一座桥，离这里大概有6英里。"康德问："如果我们从那座桥上过去，以平常的速度多长时间能够到达农场？""最快也得40分钟。"车夫回答。

　　如果这样，康德先生就赶不上约好的时间了。于是，他跑到附近的一座破旧的农舍旁边，对主人说："请问您这间房子肯不肯出售？"农妇听了他的话，很吃惊地说："我的房子又破又旧，而且地段也不好，你买这座房子干什么？""你不用管我有什么用，你只要告诉我你愿不愿意卖？""当然愿意，200法郎就可以。"

　　康德先生毫不犹豫地付了钱，对农妇说："如果您能够从房子上拆一些木头，在20分钟内修好这座桥，我就把房子还给你。"农妇再次感到吃惊，但还是把自己的儿子叫来，及时修好了那座桥。

　　马车终于平安地过了桥。10点50分的时候，康德准时来到了老朋友威廉的房门前。一直等候在门口的老朋友看到康德，大笑着说："亲爱的朋友，你还像原来一样准时啊。"

　　康德和老朋友度过了一段快乐的时光，但是他对于为了准时过桥而买下房子、拆下木头修桥的过程却丝毫没有提及。后来，威廉先生还是从那位农妇那里知道了这件事，他专门写信给康德说：老朋友之间的约会大可不必如此煞费苦心，即使晚一些也是可以原谅的，更何况是遇到了意外呢。但是康德却坚持认为守时是必须的，不管是对老朋友还是陌生人。

·男孩应该懂得的道理·

守时算不上大事,但也非是小事,有时候,一个人是否守时可以折射出他生活的一贯作风与行事的一贯方式。一个人,倘若能在细微之处一丝不苟,必能在大处精益求精。所以,如果你想让自己得到别人的尊敬,想取得成功,一定要养成守时的习惯。

 知识点链接

康德

康德,德国哲学家、天文学家、星云说的创立者之一、德国古典唯心主义创始人。康德生于1724年,1740年入哥尼斯贝格大学,大学毕业后做了一名家庭教师。在做家庭教师期间,康德还从事写作工作,主要著作有《关于自然神学和道德的原则的明确性研究》、《上帝存在的论证的唯一可能的根源》、《纯粹理性批判》、《自然通史和天体论》,将德国引进了哲学之路。

有评论家将康德与柏拉图和奥古斯丁并列称为三大"永不休止的哲学奠基人"。

做个有完美性格的男孩

04 一分钟也是时间

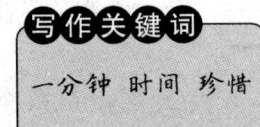

写作关键词
一分钟 时间 珍惜

著名教育家本杰明曾经接到一个青年人的求救电话，并与那个向往成功、渴望指点的青年人约好了见面的时间和地点。

待那青年人如约而至，只见本杰明的房门敞开着，眼前的景象却令青年人颇感意外——本杰明的房间里乱七八糟、狼籍一片。

没等青年人开口，本杰明就招呼道："你看我这房间太乱，请你门外等一分钟，我收拾一下，你再进来吧！"边说着边关上房门。

不到一分钟的时间，本杰明就打开房门，热情地把年轻人让进客厅。青年人的眼前展现出另一番景象——房间里变得井然有序，桌上还有两杯刚刚倒好的红酒。

没等青年人开口，本杰明就客气地说："干杯。你可以走了。"

青年人手持酒杯一下子愣住了，尴尬地说："可是，我……还没向您请教呢……"

"这些……难道还不够吗？"本杰明微笑着扫视一下自己的房间，轻言细语地说，"你进来又有一分钟了。"

"一分钟……一分钟……"青年人若有所思地说，"我懂了，您让我明白了一分钟的时间可以做许多事情，可以改变许多事情。"

本杰明舒心地笑了。

・男孩应该懂得的道理・

这就是本杰明"一分钟效应"的故事，这个故事告诉我们，无论是学习还是工作，要想取得成绩，办法只有一个，那就是掌握好生命里的每一分钟。这也是我国古代思想家荀子所说的"不积跬步，无以至千里；不积小流，无也成江海"的西方版本。

知识点链接

红酒

红酒是葡萄酒的通称，并不一定特指红葡萄酒。红酒有许多分类方式。以成品颜色来说，可分为红葡萄酒、白葡萄酒及粉红葡萄酒三类。红酒的成分相当复杂，它是经自然发酵酿造出来的果酒，它含有最多的是葡萄果汁，占80%以上，其次是经葡萄里面的糖份自然发酵而成的酒精，一般在10%至30%，剩余的物质超过1000种，比较重要的有300多种。红葡萄酒并不是年份越老就越好，事实上，大部分（99%）的葡萄酒都不具有陈年能力。世界上生产最好最多葡萄酒的地方是法国的波多尔，它被誉为"世界的葡萄酒宝库"。

做个有完美性格的男孩

05 不抽烟的球王

写作关键词
不良行为 有出息

世界球王，被人们称为"黑珍珠"的巴西足球运动员贝利，自幼酷爱足球运动，并很早就显示出他超人的才华。

有一次，小贝利参加了一场激烈的足球赛，累得喘不过气来。

休息时，贝利向小伙伴要了一支烟。他得意地吸起烟，嘴里吐出一缕缕淡淡的烟雾。小贝利有点儿陶醉了，似乎刚才极度的疲劳也烟消云散了。这一切，全被父亲看到了，父亲的眉头皱起了一个大疙瘩。

晚上，父亲坐在椅子上问贝利："你今天抽烟了？"

"抽了。"小贝利意识到自己做错了事，红着脸，低下了头，准备接受父亲的训斥。

但是，父亲并没有发火。他从椅子上站起来，在屋里来来回回走了好半天，才平静地对贝利说："孩子，你踢球有几分天资，也许将来会有出息。可惜，你现在要抽烟了，抽烟，会损坏身体，使你在比赛时发挥不出应有的水平。"

小贝利的头低得更下了。父亲又语重心长地接着说："作为父亲，我有责任教育你向好的方面努力，也有责任制止你的不良行为。但是，是向好的方向努力，还是向坏的方向滑去，决定的是你自己。我只想问问你，你是愿意抽烟呢？还是愿意做个有出息的运动员呢？孩子，你该懂事了，自己选择吧！"说着，父亲还从口袋里掏出一叠钞票,递给贝利,并说道:"如果你不愿意做个有出息的运动员,执意要抽烟的话,这点钱就做为你抽烟的经费吧!"父亲说完便走了出去。

小贝利望着父亲远去的背影,仔细回味着父亲那深沉而又恳切的话语,不由得哭了。他哭得好难过,过了好一阵,才止住哭声。小贝利猛然醒悟了,他拿起桌上的钞票还给了父亲,并坚决他说:"爸爸,我再也不抽烟了,我一定要当个有出息的运动员。"

从此以后,贝利不但与烟无缘,还刻苦训练,球艺飞速提高。15岁参加桑拖斯职业足球队,16岁进入巴西国家队,并为巴西队永久占有"女神杯"立下奇功。如今,贝利已成为拥有众多企业的富翁,但他仍然不抽烟。

· 男孩应该懂得的道理 ·

世界上这么多人,为什么成功者少而平庸者居多,是因为平庸者不够聪明或是能力不够吗?显然不是,因为绝大多数人的智力水平和能力都旗鼓相当。而之所以拉开了差距,只是因为平庸者被这样或那样的不良习惯束缚了迈向成功的步伐,难以突破,不能超越自我。

知识点链接

贝利

贝利是世界足球史上的奇才,正如他自己所说:"我为足球而生,就像贝多芬为音乐而生一样。"在22年的足球生涯里,贝利共参赛1364场,射入1282个球。12次圣保罗足球联赛冠军、5次巴西全国联赛冠军、3次世界杯冠军、2次南美解放者杯赛冠军、2次洲际杯锦标赛冠军,他的光芒至今无人能望其项背。1997年,贝利荣登世界足球名人榜第一位。2000年12月,他又荣获国际足联评出的"本世纪最佳足球运动员"称号。

做个有完美性格的男孩

06 纪律是成功的保障

艾蒂是美国一家经营国际贸易配货公司的老板,而且他的公司在众多的同行里信誉是最好的。当有朋友问及原因的时候,他回答说,公司好自然和他的管理有关,但他的管理思想又与他的父亲有关。

写作关键词
自觉自律 习惯 性格 成功

每当这时,艾蒂常会把他讲了不知道有多少遍的故事再一次讲给朋友听。

在艾蒂小时候,有一天,他跟着父亲去钓鱼。父亲看看时间还早,还不到早上 8 点钟,又干了一些家里的杂活。这时,艾蒂却忍不住了,非拉着父亲快走不可。

可巧这天特别的顺,艾蒂刚将栓好诱饵的钩甩下河不一会儿就看见鱼漂下沉,他急忙收线,一条足有二斤多重的大鲟鱼被他钓了上来。当他从抄网里向篓子里送鱼的时候,父亲看了看手表然后对艾蒂说:"艾蒂,把鱼放到河里去!"此时艾蒂知道,父亲说的是什么。按照美国当地的法律规定,早上九点以前,是不许垂钓一斤以上的鱼的,否则就是违法。但此时艾蒂却固执地说:"爸爸,时间只差一点点了,而且这事没人会知道。""我说了,放回去!"父亲以不可商量的口吻命令艾蒂,艾蒂只好将已钓到手的鲟鱼又放回了河里。

艾蒂接着说,从此,尽管他爱钓鱼也经常去钓鱼,但再也没有钓到过小时候钓的那么大的鲟鱼，但他却钓到了比那条鲟鱼不知要大多少的别样的"鱼"。

·男孩应该懂得的道理·

美国作家杰克·霍克曾经说过这样一句话："行为变成了习惯，习惯养成了性格，性格决定了命运。"一个养成了自觉自律习惯的人，一定会形成良好的性格，而拥有良好性格的人也一定会非常的成功。

 知识点链接

遵守纪律的名言警句

1. 自由固不是钱所买到的，但能够为钱而卖掉。——鲁迅
2. 如果你敢于宣称自己是受限制的，你就会感到自己是自由的。——歌德
3. 没有纪律，就既不会有平心静气的信念，也不能有服从，也不会有保护健康和预防危险的方法了。——赫尔岑
4. 要有必要的清规戒律。——毛泽东
5. 挣断线的风筝不仅不会得自由，反而会一头栽向大地。——佚名
6. 秩序是自由的第一条件。——黑格尔
7. 自由是在法律许可的范围内，做任何事的权利。——孟德斯鸠

做个有完美性格的男孩

不遵守规矩，定会付出代价

一位犹太教的长老，酷爱打高尔夫球。在一个安息日，他觉得手痒，很想去挥杆，但犹太教规定，信徒在安息日必须休息，什么事都不能做。

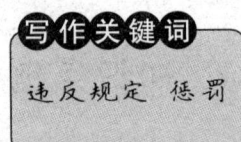

写作关键词

违反规定　惩罚

可是这位长老实在太想玩了，他终于忍不住，决定偷偷去高尔夫球场，心里想着打九个洞就收手不玩了。由于安息日犹太教徒都不会出门，球场上一个人也没有，因此长老觉得不会有人知道他违反规定。

然而，当长老在打第二洞时，却被天使发现了。天使生气地到上帝面前告状，说这个长老不守教义，居然在安息日出门打高尔夫球。

上帝听了，就跟天使说，会好好惩罚这个长老。

第三个洞开始，长老打出超完美的成绩，几乎都是一杆进洞，长老兴奋莫名。到打第七个洞时，天使又跑去找上帝："你不是要罚长老吗？他现在已经打七洞了，而且还打得那么开心，你为什么不惩罚他呢？"

上帝说："我已经在惩罚他了。"

直到打完第九个洞，长老都是一杆进洞。因为打得太顺利了，长老觉得非常过瘾，于是决定再打九个洞。

天使又去找上帝，说："你为什么还不惩罚他呢？"上帝笑而不答。

打完十八洞，长老每次都是一杆进洞，这个成绩简直是个奇迹，在长老以前的成绩中,从来没有出现过,这个成绩已经超过任何一位世界级的高尔夫球手了。长老太兴奋了,真想立即把这个喜讯告诉所有认识的人。

天使看到后,很生气地问上帝:"这就是你对长老的惩罚吗?"

上帝说:"是的,这就是我对他的惩罚。"

天使迷惑不解,上帝又说:"你想想,他有这么惊人的成绩,以及兴奋的心情,却没有人欣赏到,他肯定急于让所有人知道他的快乐,但是,所有人都知道安息日是不能出来打球的,为了不让人知道他违反了规定,他又不能跟任何人说。他的快乐和兴奋根本无处释放,这不是最好的惩罚吗?"

· 男孩应该懂得的道理 ·

俗话说得好:"没有规矩不成方圆。"无论是学校还是社会,都会有各种规矩,都有一个无形的网在束缚着我们,同时也在保护着我们。人人遵守规矩,整个社会才能秩序井然。

知识点链接

安息日

安息日一词源于阿卡德语,本意为"七",希伯来语意为"休息""停止工作"。安息日是犹太教的古老节日,犹太教古老法律规定,一周的第7天是休息的日子。从犹太教古经《摩西五经》中可以看到,安息日与上帝创世相关,上帝耶和华6天里完成了创世的工作,第7天是休息的日子。

按犹太教古经律法规定,在安息日开始之前必须点灯,由家庭主妇在点灯时以祝祷开始神圣的日子。在安息日这天,所有人都要穿上最好的衣服,满心喜悦,白天用餐3次,晚餐前必须诵读一个特别神圣的祝福。

男孩习惯手册——如何养成好习惯

1. 从小事做起,注意细节。

一个人的习惯好不好,素质高不高,往往反映在小事上。要明辨是非,随时提醒自己。比如,注意自己的站相、坐相、吃相,注意待人接物的礼仪,等等。一开始可能有点儿"累",但用不了多久,你就习惯了,而且让你一辈子受益。

2. 开好头不开坏头。

只要是想好了准备做的事,就要果断地开头,不要拖,不要等。比如,你打算写日记了,那就马上开始写。一段时间以后,你觉得它已经成为你生活的一部分了,甚至没有什么特别的感觉,到时候就自然而然地去做了,好习惯就养成了。相反,坏事千万别开头,因为开了头就会对自己放纵了。

3. 至少坚持21天。

21天已经基本可以让你培养一个永久不变的好习惯了,所以培养一个好习惯,务必要坚持21天。

4. 不找借口。

不找借口,这对于养成好习惯非常有帮助。人最容易原谅自己,事情没做好,总会想办法找一些原因,让自己心安理得。而事实上,这是一种坏习惯,它会让你软弱,会让你偷懒,会让你逃避,结果你也就丧失了勇气。

第十三章

高财商,让男孩赢得精彩的人生

　　财商一词最早由美国作家兼企业家罗伯特·T·清崎在《富爸爸穷爸爸》一书中提出,是指一个人对所有财富(泛指所有资产,包括品牌、人脉、时间、技术、固定资产、流动资产……)的认知、获取和运用的能力。

　　现在,财商是与智商、情商并列的社会能力三大不可或缺的素质。对此我们可以这样理解,智商反映人作为一般生物的生存能力;情商反映人作为社会生物的生存能力;而财商则是经济人在经济社会中的生存能力。

● 不铺张浪费,钱要用在该用的地方。

解说语:花钱应像炒菜放盐一样恰到好处。大家都知道盐的妙用,盐少了,菜淡而无味;盐多了,苦咸难咽。哪怕只是很少的几元钱甚至几分钱也要让每一分钱发挥出最大的效益。一个人只有当他用好了他的每一分钱,他才能做到事业有成,生活幸福。

● 不放弃一分钱,财富是一点点积累起来的。

解说语:金钱的积累是从"每一个硬币"开始的,正所谓"积沙成塔,集腋成裘"。一个智慧的人绝不会因为钱小而放弃,因为他们知道,任何一种成功都是从一点一滴积累起来的。

● 不但要会花钱，还要会挣钱。

解说语：在商业世界里，你一定要懂得这样一个智慧：1＋1＞2，我们也可把它看做是点石成金的智慧。拥有这样财商智慧的人，他们也具有化腐朽为神奇般的创富才能。不管何时何地、何种状况，这样的人总能挖掘机会、创造财富。拥有这样的智慧，哪怕一无所有，你也可以白手起家。

● 金钱并不是万能的，金钱与幸福并不成正比。

解说语：钱可以买到房子，但买不到家；钱可以买到床，但买不到睡眠；钱可以买到钟表，但买不到时间；钱可以买到书本，但买不到知识；钱可以买到职位，但买不到尊敬；钱可以买到药品，但买不到健康；钱可以买到血液，但买不到生命……请不要在金钱和幸福之间划等号。

做个有完美性格的男孩

01 钱要用在该用的地方

虽然拥有亿万家产，可是比尔·盖茨从不乱花钱，甚至有些"吝啬"。

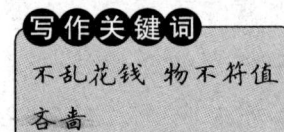

写作关键词
不乱花钱 物不符值
吝啬

一次，盖茨和一位朋友同车前往希尔顿饭店开会，由于去迟了，以至找不到车位，而此时会议马上就要开始了。这时，他的朋友建议把车停在饭店的贵宾车位，"噢，这可要花12美元，可不是个好价钱。"盖茨不同意。"我来付。"他的朋友说。"那可不是个好主意，"盖茨坚持道，"他们超值收费。"由于盖茨的固执，汽车最终没停放在贵宾车位上。

对于物不符值的做法，盖茨往往显得非常"吝啬"。

·········· •男孩应该懂得的道理• ··········

到底是什么原因使盖茨不愿多花几元钱将车停在贵宾车位呢？原因很简单，盖茨作为一位天才的商人深深地懂得花钱应像炒菜放盐一样恰到好处。大家都知道盐的妙用，盐少了，菜淡而无味；盐多了，苦咸难咽。哪怕只是很少的几元钱甚至几分钱也要让每一分钱发挥出最大的效益。一个人只有当他用好了他的每一分钱，他才能做到事业有成，生活幸福。

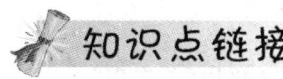

知识点链接

比尔·盖茨

比尔·盖茨 11 岁拟建自己的公司，13 岁开始编程，并预言自己将在 25 岁前成为百万富翁，19 岁离开哈佛创建微软公司；比尔·盖茨还是一个商业奇才，独特的眼光使他总是能准确看到 IT 业的未来，独特的管理手段，使得不断壮大的微软能够保持活力；比尔·盖茨的财富更是一个神话，39 岁便成为世界首富，并连续 13 年登上福布斯榜首的位置。2008 年 6 月 27 日，53 岁的比尔·盖茨宣布正式从微软公司退休，将大部分的时间用来做慈善。

1+1大于2

第二次世界大战时期，在奥斯维辛集中营里，一个犹太人对他的儿子说："现在我们唯一的财富就是智慧，当别人说 1 加 1 等于 2 的时候，你应该想到大于 2。"后来，父子俩幸运地活了下来。

1946 年，父子俩来到美国休斯敦做铜器生意。一天，父亲问儿子"1 磅铜的价格是多少？"

写作关键词

1+1>2 创造财富

儿子答："35美分。"

父亲说："对,整个得克萨斯州都知道每磅铜的价格是35美分,但作为犹太人的儿子,应该说35美元,你试着把一磅铜做成门把手看能卖多少钱。"

20年后,父亲死了,儿子独自经营铜器店。儿子始终牢记着父亲的话,他做过铜鼓,做过瑞士钟表上的弹簧片,做过奥运会的奖牌。他甚至把一磅铜卖到3500美元,这时他已是麦考尔公司的董事长了。

然而,真正让他扬名的,是纽约州的一堆垃圾。1974年,美国政府为清理自由女神像翻新扔下的大堆废料,向社会广泛招标。但没有人投标,因为在纽约州,垃圾处理有严格规定,弄不好会受到环保组织起诉的。当时他正在法国旅行。听到这个消息,他立即终止休假,飞往纽约。看过自由女神像下堆积如山的铜块、螺丝和木料后,他一言不发,当即与政府部门签下了协议。消息传开后,纽约许多运输公司都在偷偷发笑,他的许多同僚也认为废料回收吃力不讨好,能回收的资源价值实在有限,这一举动实乃愚蠢之极。当这些人都在等着看笑话的时候,他已开始组织工人对废料进行分类整理了。他让人把废铜熔化,铸成小自由女神像,旧木料则加工成底座,废铜、废铝的边角料则做成纽约广场的钥匙。他甚至把从自由女神像身上扫下的灰尘都包装起来,出售给花店。结果可想而知,这些废铜、边角料、灰尘都以高出它们原来价值的数倍乃至数十倍卖出,且供不应求。不到3个月的时间,他让这堆废料变成了350万美元,每磅铜的价格整整翻了1万倍。

·男孩应该懂得的道理·

这种1+1>2的财商智慧,我们也可看做是点石成金的智慧,而拥有这样财商智慧的人,他们也具有化腐朽为神奇般的创富才能。不管何时何地、何种状况,这样的人总能挖掘机会、创造财富。如果我们有了这样的财商智慧,你还会担心贫穷吗?哪怕你一无所有,你也可以白手起家。

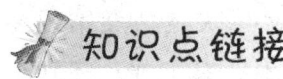

知识点链接

奥斯维辛集中营

奥斯维辛是波兰南部的一个小镇,第二次世界大战期间,纳粹德国在这里建立了最大的种族灭绝的集中营,这个小镇因此闻名于世。该集中营有"死亡工厂"之称,据史料统计,有100多万无辜者死于此。二战后,波兰政府把集中营改为殉难者博物馆和纪念地。1979年,联合国教科文组织将集中营列入世界文化遗产名录,以警示世界"要和平,不要战争"。为了见证这段历史,每年有数十万来自世界各国的各界人士前往集中营遗址参观,凭吊那些被德国纳粹分子迫害致死的无辜者。

天上不会掉馅饼,财富只能靠自己勤勉的双手创造

泰国有个叫奈哈松的人,一心想成为大富翁,他觉得成功的捷径便是学会炼金术。他把全部的时间、金钱和精力都用在了炼金术的实验中。

写作关键词
勤劳的双手 发财梦 财富

不久,他花光了自己的全部积蓄,家中变得一贫如洗,连饭也

吃不上了。妻子无奈,跑到父母那里诉苦。她父母决定帮女婿改掉恶习。他们对奈哈松说:"我们已经掌握了炼金术,只是现在还缺少炼金的东西。"

"快告诉我,还缺少什么东西?"

"我们需要3公斤从香蕉叶下搜集起来的白色绒毛,这些绒毛必须是你自己种的香蕉树上的,等到收完绒毛后,我们便告诉你炼金的方法。"

奈哈松回家后立即将已荒废多年的田地种上了香蕉,为了尽快凑齐绒毛,他除了种自家以前就有的田地外,还开垦了大量的荒地。

当香蕉成熟后,他小心地从每张香蕉叶下搜刮白绒毛,而他的妻子和儿女则抬着一串串香蕉到市场上去卖。

就这样,10年过去了,他终于收集够了3公斤的绒毛。

这天,他一脸兴奋地提着绒毛来到岳父母的家里,向岳父母讨要炼金之术,岳父母让他打开了院中的一间房门,他立即看到满屋的黄金,妻子和儿女都站在屋中。

妻子告诉他:"这些金子都是用你10年里所种的香蕉换来的。"

面对满屋实实在在的黄金,奈哈松恍然大悟。从此,他努力劳作,终于成了一方富翁。

---------- **· 男孩应该懂得的道理 ·** ----------

人人都梦想躺着就能发大财,殊不知财富只有用勤劳的双手才能造出来,天上是不会掉馅饼的。

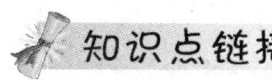知识点链接

炼金术

炼金术起源于埃及,其目标是通过化学方法将一些基本金属转变为黄金。后来,古巴比伦、古埃及、波斯、古印度、古希腊和古罗马也有人进行了类似的尝试。然而,现在的科学已经表明这种方法是行不通的。不过,炼金术作为近代化学的先驱在化学发展史上起到了一定的积极作用。通过炼金术,人们积累了化学操作的经验,发明了多种实验器具,认识了许多天然矿物,炼金术在欧洲成为近代化学产生和发展的基础。

财富是一点一滴积累起来的

有一对贫穷的兄弟,他们以捡破烂为生,两人一直过着清贫的日子。但是,他们并不满足现状,而是天天都盼望着能够发财。

写作关键词
金钱 积累 积沙成塔

一天,兄弟俩照旧从家里出发,沿着一条街道去拾捡破烂。但这一天,这条长长的街道仿佛被人来了一次大扫除,连平日里最常见的破烂都不见了踪影,仅剩的就是一个个的一寸长的小铁钉。

老二看到了不屑一顾地说:"几个小铁钉能值多少钱?"

但是,老大并不嫌弃,而是弯腰一个个地拾了起来。走到了街

尾，差不多捡到了满满一小袋子的铁钉。

瞧瞧老大，老二有些后悔，等到他回头再想去找铁钉的时候，路上哪还有铁钉，都被老大一个个地捡完了。再向前走了不久，兄弟俩几乎同时发现街尾新开了一家收购房，门口挂着一块牌子写到：本店高价回收一寸长的旧铁钉。

老二看到后，更加后悔，他眼睁睁地看着老大用那些小铁钉换回了一大把钞票。

店主看到呆在一旁发愣的老二，问道："孩子，在来的路上，难道你一个铁钉也没看到？"

老二非常沮丧地回答："我看到了啊。可那小铁钉看起来并不起眼，我也没想到一路上会有那么多，我更没想到它竟然这么值钱，等我想要去捡时，铁钉全被大哥捡光了。"

·**男孩应该懂得的道理**·

金钱的积累是从"每一个硬币"开始的，正所谓"积沙成塔，集腋成裘"。一个智慧的人绝不会因为钱小而放弃，因为他们知道，任何一种成功都是从一点一滴积累起来的。

 知识点链接

积累财富的好方法

1. 最多舒适，拒绝奢侈。旧衣服可以再穿一穿，新手套可以暂时不买，食物可以不必太讲究……这一毛钱，那一块钱，如果存起来，加上利息，就会不断增加。

2. 小心为消费负债。负债会轻易剥夺一个人的自尊，甚至使人开始鄙视自己。当债主上门要债时，你却无钱还债，死皮赖脸，久而久之，你就会变成一个无赖，不知尊严为何物。

3. 付出总会有回报。多少人只是依靠勤勉就取得了人生的成功，而他们的邻居却为了每天多贪睡几个小时而穷困一生。斗志和勤奋，是积累财富过程中必不可少的两个因素。

不需要的东西即使只花一分钱，也是昂贵的

一只鱼鹰想去南方旅游，它对以往储存的大量干鱼愁眉不展，最后决定忍痛割爱，以最低廉的价钱出售。

写作关键词
不合理 消费 好钢用在刀刃上

一只小鹿听见这个消息后，马上以最快的速度跑到了出售点。当它看见水獭、鸭子和花猫等正在大肆抢购干鱼的情景，便急急忙忙用鹿妈妈给她购粮的所有钱买了干鱼。它扛了一大袋子干鱼返回家，在路上忍不住喜滋滋地想："妈妈一定会夸奖我的。"

谁知妈妈看到后，惊诧地瞪圆了眼睛，竖起了耳朵："你买这些多干鱼做什么？"

小鹿得意洋洋地说："清仓大甩卖，机会难得！"接着又眉飞色舞地补充道："幸亏我争分夺秒行动迅速。否则迟到半步，就被其它动物买光了。"

鹿妈妈忧心忡忡地说："傻孩子，你一味贪图便宜，连最基本的常识都忘记了——我们鹿可是从来都不吃鱼的。这下好了，你用所有的钱都买下了这些干鱼，我们吃什么呀？"

· 男孩应该懂得的道理 ·

一位名人曾经说过:"不要买自己想买的东西,而要买自己需要的东西,不需要的东西即使只花一分钱,也是昂贵的。"正如"好钢要用在刀刃上",金钱也要用在合适的地方,不合理的消费只会使荷包越来越瘪。

 知识点链接

把钱花在刀刃上的秘诀

1. 只买需要的,不买想要的。需要的东西是必须的,想要的东西却是可买可不买的。所以,想购买一件东西的时候,务必要问自己这样一个问题:"这件东西一定需要吗?"

2. 买东西要看性价比,而非价格。所谓买东西要看性价比,就是指在同等价位下要挑选最好的商品。很多时候,不一定价钱低的就没好货;价格高的也未必都是精品,这需要我们擦亮眼睛去甄别。

3. 抵制诱惑,对抗商家的消费陷阱。商家往往会采取打折促销等手段勾起人们的购买欲,这个时候一定要保持理智,管好自己的钱包。

金钱与幸福并不一定成正比

一位迟暮之年的富翁,在冬日的暖阳中到海边散步时看到一个渔夫在晒太阳,就问道:

写作关键词

金钱 幸福 正比关系

"你为什不打鱼呢?"

"打鱼干什么?"渔夫反问。

"挣钱买大渔船呀。"

"买大渔船干什么?"

"打很多鱼,你就会成为富翁了。"

"成了富翁又怎么样?"

"你就不用打鱼了,可以幸福自在地晒太阳啦。"

"我不正在晒太阳吗?"

富翁哑然。

---------- **·男孩应该懂得的道理·** ----------

许多人都认为"钱挣得越多就越幸福",真的是这样吗?通过这个故事我们可以发现,这种观念是不成立的。金钱与幸福不一定成正比关系,幸不幸福,在于个人的意念,与钱的多寡无关。

做个有完美性格的男孩

知识点链接

为什么儿童最好多晒太阳

为什么儿童最好多晒太阳呢?理由非常简单,孩子越小,发育速度便越快,骨骼是支持着全身体重的架子,一定要跟得上各部分发展的需要。可是制造骨骼的重要原料为钙,一定要依赖维生素D才可以被吸收,缺少太阳光,维生素D便无法合成。

男孩金钱手册——如何理好财

1. 从攒钱开始。

攒钱是理财的起点。收入是河流,财富是水库,花出去的钱就是流出去的水,只有留在水库里的水才是你的财。

实际上,要想攒钱,最好的方式是学会储蓄。

美国著名的教育家弗雷在谈到储蓄原则时指出:孩子可以把自己的零花钱放在3个罐子里,第一个罐子里的钱用于日常开销,购买在超级市场和商店里看到的"必需品";第二个罐子里的钱用于短期储蓄,为购买较贵重物品积攒资金;第三个罐子里的钱则长期存在银行里。

你可以按照这位教育家教给的方法去做,养成储蓄的好习惯。

2. 投资,让钱生钱。

光会攒钱往往是不够的,还要学会投资,让钱生钱,生钱是理财的重点。

我们手中的钱,包括父母给的零花钱和过年收到的压岁钱,如果用在吃、穿、玩等方面上,用不了多久就会没了。但如果我们能够学会投资,就可以让仅有的钱生出更多的钱。投资的方式有很多,比如做点小生意,或在大人的帮助和指导下购买股票、基金、债券等。